知识就在得到

我能做软件工程师吗

韩磊 郄小虎 陈智峰 鲁鹏俊

口述

丁丛丛 靳冉——编著

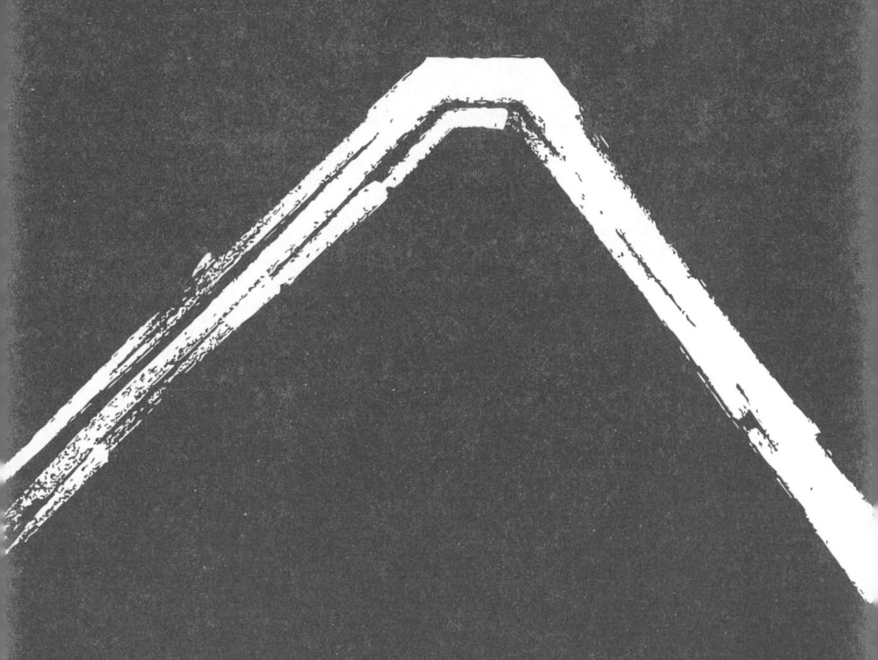

新 星 出 版 社 NEW STAR PRESS

总序

怎样选择一个适合自己的职业？这个问题困扰着一代又一代中国人——一个成长在今天的年轻人，站在职业选择的关口，他内心的迷茫并不比二十年前的年轻人少。

虽然各类信息垂手可得，但绝大部分人所能获取的靠谱参考，所能求助的有效人脉，所能想象的未来图景……都不足以支撑他们做出一个高质量的职业决策。很多人稀里糊涂选择了未来要从事大半辈子的职业，即使后来发现“不匹配”“不来电”，也浑浑噩噩许多年，蹉跎了大好年华。

我们策划这套“前途丛书”，就是希望能为解决这一问题做出一点努力，为当代年轻人的职业选择、职业规划提供一些指引。

如果你是一名大学生，一名职场新人，一名初、高中生家长，或者是想换条赛道的职场人，那么这套书就是专门为你而写的。

在策划这套书时，我们心中想的，是你正在面临的各种挑战，比如：

你是一名大学生：

· 你花了十几年甚至更久的时间成为一名好学生，毕业的前一年突然被告知：去找你的第一份工作吧——可怕的是，这件事从来没人教过你。你孤身一人站在有无数分岔路的路口，不知所措……

· 你询问身边人的建议，他们说，事业单位最稳定，没编制的工作别考虑；他们说，计算机行业最火热，赚钱多；他们说，当老师好，工作体面、有寒暑假；他们说，我们也不懂，你自己看着办……

· 你有一个感兴趣的职业，但对它的想象全部来自看过的影视剧，以及别人的只言片语。你看过这个职业的高光时刻，但你不确定，在层层滤镜之下，这个职业的真实面貌是什么，高光背后的代价又有哪些……

你是一名职场新人：

· 你选了一个自己喜欢的职业，但父母不理解，甚至不同意你的选择，你没把握说服他们……

· 入职第一天，你眼前的一切都是新的，陌生的公司、陌生生的同事、陌生的工位，你既兴奋又紧张，一边想赶紧上手做点什么，一边又生怕自己出错。你有一肚子的问题，不知道问谁……

你是一名学生家长：

· 你只关注孩子的学业成绩，仿佛上个好大学就是终身归宿，但是关乎他终身成就的职业，你却很少考虑……

· 孩子突然对你说，“我将来想当一名心理咨询师”，你一时慌了神，此前对这个职业毫无了解，不知道该怎么办……

· 你深知职业选择是孩子一辈子的大事，很想帮帮他，但无奈自己视野有限、能力有限，不知从何处入手……

你是一名想换赛道的职场人：

· 你对现在的职业不太满意，可不知道该换到哪条赛道，也不清楚哪些职业有更多机会……

· 你年岁渐长，眼看着奔三奔四，身边的同学、朋友一个个事业有成，你担心如果现在换赛道，是不是一切要从头再来……

· 你下定决心要转行，但不确定自己究竟适不适合那个职业，现有的能力、资源、人脉能不能顺利迁移，每天都焦灼不已……

我们知道，你所有关于职业问题的焦虑，其实都来自一件事：**不知道做出选择以后，会发生什么。**

为了解决这个问题，“前途丛书”想到了一套具体而系统的解决方案：一本书聚焦一个职业，邀请这个职业的顶尖高手，从入门到进阶，从新手到高手，手把手带你把主要的职业逐个预演一遍。

通过这种“预演”，你会看到各个职业的高光时刻以及真实面貌，判断自己对哪个职业真正感兴趣、有热情；你会看到各个职业不为人知的辛苦，先评估自己的“承受指数”，再确定要不要选；你会了解哪些职业更容易被 AI 替代，哪些职业则几乎不存在这样的可能；你会掌握来自一线的专业信息，方便拿一本书说服自己的父母，或者劝自己的孩子好好考虑；你会收到来自高手的真诚建议，有他们指路，你就知道该朝哪些方向努力。

总之，读完这套“前途丛书”，你对职业选择、职业规划的不安全感、不确定感会大大降低。

“前途丛书”的书名，《我能做律师吗》《我能做心理咨询师吗》……其实是你心里的一个个疑问。等你读完这套书，我们希望你能找到自己的答案。

除了有职业选择、职业规划需求的人，如果你对各个职业充满好奇，这套书也非常适合你。

通过这套书，你可以更了解身边的人，如果你的客户来自各行各业，这套书可以帮助你快速进入他们的话语体系，让客户觉得你既懂行又用心。如果你想寻求更多创新、跨界的机会，这套书也将为你提供参考。比如你专注于人工智能领域，了解了医生这个职业，就更有可能在医学人工智能领域做出成绩。

你可能会问：把各个职业预演一遍，需不需要花很长时间？

答案是：不需要。

就像到北京旅游，你可以花几周时间游玩，也可以只花一天时间，走遍所有核心景点——只要你找到一条又快又好的精品路线即可。

“前途丛书”为你提供的，就是类似这样的精品路线——**只需三小时，预演一个职业。**

对每个职业的介绍，我们基本都分成了六章。

第一章：行业地图。带你俯瞰这个职业有什么特点，从业人员有什么特质，薪酬待遇怎么样，潜在风险有哪些，职业前景如何，等等。

第二至四章：新手上路、进阶通道、高手修养。带你预演完整的职业进阶之路。在一个职业里，每往上走一段，你的境界会不同，遇到的挑战也不同。

第五章：行业大神。带你领略行业顶端的风景，看看这个职业干得最好的那些人是什么样的。

第六章：行业清单。带你了解这个职业的前世今生、圈内术语和黑话、头部机构，以及推荐资料。

这条精品路线有什么特色呢？

首先，高手坐镇。这套书的内容来自各行各业的高手。他们不仅是过来人，而且是过来人里的顶尖选手。通常来说，我们要在自己身边找齐这样的人是很难的。得到图书依托得到 App 平台和背后几千万的用户，发挥善于连接的优势，找到了他们，让他们直接来带你预演。我们预想的效果是，走完这条路线，你就能获得向这个行业的顶尖高手请教一个下午可能达成的认知水平。

其次，一线智慧。在编辑方式上，我们不是找行业高手约稿，然后等上几年再来出书，而是编辑部约采访，行业高手提供认知，由我们的同事自己来写作。原因很简单：过去，写一个行业的书，它的水平是被这个行业里愿意写书的人的水平约束着的。你懂的，真正的行业高手，未必有时间、有能力、有意愿写作。既然如此，我们把写作的活儿包下来，而行业高手只需要负责坦诚交流就可以了。我们运用得到公司这些年形成的知识萃取手艺，通过采访，把各位高手摸爬滚打多年积累的一线经验、智慧、心法都挖掘出来，原原本本写进了这套书里。

最后，导游相伴。在预演路上，除了行业高手引领外，我们还派了一名导游来陪伴你。在书中，你会看到很多篇短小精悍的文章，文章之间穿插着的彩色字，是编著者，也就是你的导游，专门加入的文字——在你觉得疑惑的地方为你指路，在你略感疲惫的地方提醒你休息，在你可能错失重点的地方提示你注意……总之，我们会和行业高手一起陪着你，完成这一场场职业预演。

我们常常说，选择比努力还要重要。尤其在择业这件事情上，一个选择，将直接影响你或你的孩子成年后 20% ～ 60% 时间里的生命质量。

这样的关键决策，是不是值得你更认真地对待、更审慎地评估？如果你的答案是肯定的，那就来读这套“前途丛书”吧。

丛书总策划　白丽丽

2023 年 2 月 10 日于北京

目录 CONTENTS

00 序 言

01 行业地图

CONTENTS 目录

02 新手上路

入行前的准备

入行后的成长

03 进阶通道

手艺上的精进

目录 CONTENTS

目录 CONTENTS

序言

你好，感谢你翻开这本书——《我能做软件工程师吗》。

你可能是有意成为软件工程师的大学生，也可能是对这个职业感兴趣的高中生或家长，还可能是刚成为软件工程师不久的职场新人。你手里这本书的任务只有一个，就是从你关心的问题出发，带你了解软件工程师这个职业。

为了完成这个任务，本书策划团队、编著团队投入研发，经过多轮调研、讨论、采访、整理、迭代，终于捧出两个“新”，专门服务于你。这两个“新”分别是“新视角”和“新连接”，我们逐个来看。

新视角：这是一个什么样的职业

提起软件工程师，很多人马上想到“码农”、格子衬衫、镜片超厚的眼镜、脱发之类的脸谱化概念。但是我们知道，这些概念没办法解答你关于这个职业的困惑。原因很简单，真正的软件工程师什么样，站在外面看是看不清的，传统课堂和书里也没有答案。而这本书，就是希望帮你从一个新的视角，看清内部图景。

比如，你可能会关心，如果做软件工程师，赚钱多不多，机会怎么样？

你可能早就听说过，软件工程师是一个"热门""收入高""机会好"的职业。而这本书希望帮你看到更多。它会告诉你，软件工程师不仅收入高，而且是近年来"我国城镇就业人口中平均薪资最高的群体"，甚至超过了金融从业者。如果你加入这一行，可供选择的岗位比想象中还要多。但是请注意，不要盲目入行。因为在这一行高薪、光鲜的另一面，很可能是写不尽的代码、学不完的知识、没日没夜的加班、频繁变化的需求、追赶进度的压力……

所以你看，**这是一个机会巨大，压力也巨大的职业**。如果你想加入，就要做好付出 120% 的努力的准备。

你可能会关心，如果做软件工程师，35 岁会被淘汰吗？

如果你去网上搜索"软件工程师"，会看到很多有关"35 岁现象"的讨论，比如"35 岁瓶颈期""35 岁被优化"……因此你可能会担心，自己会不会遭遇类似的风险？面对这个问题，本书会带你把目光稍微移开一点，我们不纠结于“35岁现象”本身，而是去看它背后的原因，以及可能的应对办法。

你会在本书后面的内容里看到，“35岁现象”之所以存在，跟这个职业的特殊性有关。从本质上看，软件工程师不是一个劳动密集型职业，而是一个智力密集型职业。如果你想入行，初始门槛不算高，会编程就可以。但是越到后面，成长坡度越陡，提升难度越高，人和人之间的能力差距也越大。举个例子，如果说其他职业同行之间的能力差距是3倍、5倍，那么软件工程师之间的能力差距可以达到10倍、100倍，甚至1000倍。

所以你看，**这是一个门槛不高，但上限极高的职业，竞争十分残酷**。如果你想加入，仅仅踏进门来是不够的，你还要考虑怎么才能在这条路上走得更远。

你可能还会关心，如果做软件工程师，每天敲代码会不会很无聊？

这本书会告诉你，那些戴着耳机、敲着键盘、不爱说话的软件工程师看似无悲无喜，但其实他们有可能正享受着无可比拟的乐趣。

几乎每个软件工程师都经历过这样一些难忘的时刻——

当他们用代码做出一个小玩意儿的时候，当他们跑通第一个程序的时候，那种发自内心的喜悦，拿什么都换不了。也正是从这些时刻开始，键盘在他们手中仿佛有了生命，计算机以毫秒速度回应他们的每个举动，让他们像魔法师一样穿梭于现实世界和虚拟世界之间，实施手中的“超能力”。你可能会好奇，这种“超能力”的威力有多大呢？看看硅谷投资人马克・安德森说的这句话吧——“软件正在统治世界。”

所以你看，**这是一个看似枯燥无聊，实则激动人心的职业——它的底色是“创造”。**就像百姓网创始人王建硕说的那样：“工程师是需要在脑子里面建造一个软件系统，然后再用手敲出来一些代码，最终实现一个世界上以前没有的功能。工程师是建造东西的，程序员是写程序的，写程序是建造脑子里那个东西的手段，而不是目的。”

好了，回到你关心的问题。关于这个职业，你可能还想知道更多。比如，软件工程师这个职业最难的部分是什么？“996”是真的吗？成为软件工程师需要具备哪些条件？这一行最具发展潜力的领域有哪些？从新手到高手如何进阶？……

这本书会从内部视角出发，为你一一解答。

新连接：为什么要选这一本

到这里，你对这本书的叙述视角已经有了一定的了解。但是我们知道，选择职业是一件慎重的事情。对你来说，除了采取何种视角，这本书是不是可靠其实更加重要。换句话说，要了解软件工程师这个职业，如果你只能选一本书来读，为什么要选这一本？

给你三个理由。

第一，这本书的目录不是设计出来的，而是调研出来的。

为了弄清楚读者真正的痛点在哪里，这本书的编著团队在前期做了一对一的用户访谈，访谈时长1198分钟，转成文字超过35万字。接受访谈的用户，有的是想要成为软件工程师的大学生，有的是已经成为软件工程师的新人，有的是高中生家长，还有的是在这一行工作了多年的职场老手。他们从各自的角度出发，讲述了自己的疑惑和建议。

比如，刚刚入职谷歌一年的蕉蕉告诉我们，初入职场，最困扰她的不是技术问题，而是怎么跟跨工种的同事协作。跨专业自学计算机的夏梓皓告诉我们，他特别想知道软件工程师可预期的成长路径是什么样的。跨文化研究专家戴愫老师告诉我们，身为家长，她最关心孩子适不适合这一行，这个职业好的地方在哪里，不好的地方又有哪些。在这一行深耕十几年的冷雪峰建议我们，可以讲一讲软件工程师应该如何处理跟产品经理的关系。

调研结束后，经过分析、筛选、整理，并结合行业高手的建议，我们完成了一份软件工程师从新手成长为高手的问题清单，也就是这本书的目录——不到1000字，却字字真实。虽然这份清单不能覆盖你提出的每个问题，但是我们相信，它可以帮你看到这个职业里很多被遮蔽的部分。

第二，这本书的内容不受限于“愿意写书的人”，而是来自一线高手。

有了问题清单，答案从哪儿来？这本书不是找行业高手约稿，等上几年再出书，而是由编著团队约采访，行业高手提供认知，编著团队再整理、提炼采访中的精华而来的。道理很简单：过去，写一个行业的书，它的水平被这个行业里愿意写书的人的水平约束着。真正的高手，未必有时间、有精力、有动力写作。既然如此，我们把写作这个活儿包下来，行业高手只需要负责坦诚交流就可以了。

那么，这本书为你请来了哪些行业高手呢？他们分别是：

- 韩磊老师，他是《代码整洁之道》的译者，而该书是软件工程师的经典必读书。他还是一位跨界高手——做过大学教师，教授一门小语种，做过技术社区CSDN总编辑，也做过财经媒体 CTO（首席技术官），现在就职于他参与创办的 AR 技术公司。

- 郄小虎老师，他是腾讯集团副总裁，曾经在谷歌工作过 12 年，先后担任谷歌广告系统核心设计师、全球技术总监、中国研究院副院长，被称为“Google 中国在历史上最好的工程师（没有之一）”。

- 陈智峰老师，他是谷歌大脑的首席工程师，曾经参与过著名机器学习开源系统 TensorFlow 的设计工作，是一位典型的高级技术专家。

- 鲁鹏俊老师，他曾经担任谷歌的主任架构师，获得过“谷歌创始人奖”，做过百度集团高级总监、欢聚时代 CTO、唯品会联席 CTO。

这四位高手身上有一些共同的特点：他们经验丰富、独具洞察、乐于分享，对自己从事的职业充满热情。面对我们的提问，他们总是把多年来总结的经验和盘托出。在他们身上，我们看到了行业前辈最好的样子。所以，我们希望在你和他们之间搭建一座桥梁——你关心的问题，请他们来回答。

值得一提的是，得到 App 在知识服务领域已经打磨出一套成熟的内容生产手艺。过去，我们凭借这套手艺开设了 300 多门线上课程，包括《薛兆丰的经济学课》《梁宁 · 产品思维30讲》《万维钢·精英日课》等，广受用户好评。这一次，我们把这套手艺拿出来用在这本书上，编著团队先后采访行业高手23次，总计1925分钟，从483991字的访谈手记中萃取出最精华的10万字，一次性交付给你。

第三，这本书的迭代不是生产驱动的，而是读者驱动的。

一般图书在出版前，修改建议大多来自出版社内部的编辑团队，然后作者和编辑从图书生产的角度去做优化。而这本书不太一样。在这本书的第1版下印前，我们特别邀请了专业审读人和大众审读人提前审读内容，并根据审读人的建议完善了很多细节。遗憾的是，有些结构性问题没来得及完善。在本书第2版的迭代中，我们做了进一步优化。

比如，我们接受了专业审读人柳飞和陈文经的建议，在书中新增了关于软件工程师不同工种的介绍，以及自我成长的内容；我们接受了大众审读人孙鹏的建议，在书中新增了更多有助于理解的案例……可以说，你手里的这本书，在品质上又多了一层保证。

说了这么多，其实最想说的只有一句：这本书的使命，就是把读者的痛点和行业高手的指点连接起来。这种连接是一种创新，也是我们愿意持续付出努力的尝试，希望对你有帮助。

特别提醒一点，如果你对软件工程师这个职业，或者对计算机知识一点也不了解，没关系，不用担心看不懂。这本书不讲艰深的技术知识，只讲行业高手最重要的认知和洞察。稍微剧透一下，虽然软件工程师需要具备一些开发技能，比如写代码，但从根本上说，高手软件工程师的能力远远超出了写代码的范畴。不仅如此，这些能力还可以迁移到各个行业、各个领域，给你带来不一样的启发。

最后来看一组人名："苹果之父"史蒂夫·乔布斯、微软CEO（首席执行官）萨提亚·纳德拉、IBM CEO罗睿兰、脸书[1]创始人马克·扎克伯格、亚马逊CEO杰夫·贝佐斯、惠普CEO迪昂·威斯勒、腾讯创始人马化腾、百度创始人李彦宏、网易创始人丁磊、微信创始人张小龙、金山创始人求伯君、巨人网创始人史玉柱、小米创始人雷军、拼多多创始人黄峥、美团创始人王兴、字节跳动创始人张一鸣……

这些人有什么共同点？答案是，他们都是学计算机出身的。他们身上或多或少拥有一些软件工程师的独特品质。看到这里，对于软件工程师这个职业究竟有什么不一样，你是不是更好奇了呢？接下来，就让我们一起走近它。

丁丛丛　靳　冉

1. 脸书（Facebook）已于2021年更名为Meta。

CHAPTER I

第一章 行业地图

欢迎你来到这本书的第一章："行业地图"。

这一章的任务，就是要在职业预演正式开始前，先从行业高手的视角，带你看清软件工程师这个职业的基本轮廓。为此，本书从你关心的问题出发，梳理了4个视角。接下来，我们将从这4个视角出发，走近软件工程师。

第一个视角，那些广为流传的说法是不是真的。

软件工程师是一群什么样的人？大家都在说的"35岁现象""966"是怎么回事？

这个视角能帮你厘清事实和误解，让你看到软件工程师更为真实的一面。

第二个视角，软件工程师这个职业好在哪里。

软件工程师的薪资、机会如何？软件工程师的职业成就感来自哪里？

这个视角能让你看到软件工程师这个职业光鲜、可爱的一面。

第三个视角，软件工程师这个职业难在哪里。

软件工程师面临的挑战是什么？为什么不学习就会被淘汰？

这个视角能让你看到软件工程师这个职业残酷、独具挑战性的一面。

第四个视角，软件工程师这个职业的未来在哪里。

软件工程师的职业天花板有多高？未来最具发展潜力的领域有哪些？

这个视角能让你看到软件工程师这个职业充满无限可能的一面。

以上4个视角既相对独立，又互相关联。你可以一边阅读，一边思考自己喜不喜欢、适不适合这个职业。

软件工程师为什么如此热门

· 韩磊

提起软件工程师，第一种广为流传的说法当属“这是一个热门职业”。这一点确实是事实。究竟有多热门，我们可以通过几个数据来看看。

第一，报考热度高。近年来，计算机科学与技术这个专业的毕业生规模达10万人以上，在所有专业里排第一[1]；第二，就业情况好。据BOSS直聘研究院统计，2021届本科毕业生专业竞争力30强中，软件工程专业、计算机科学与技术专业分列第一位和第二位[2]。第三，薪资水平高，据我国人社部的统计，IT行业的平均工资连续多年高居榜首，而软件工程师正是这个行业的重要组成部分。

在这里，我们不再继续讨论软件工程师有多热门，而是

1. 刘燕主编：《这才是我要的专业》，新世界出版社2021年版。
2. BOSS直聘研究院：《什么专业更好找工作？｜BOSS直聘2021高校应届生专业就业竞争力报告》，https://mp.weixin.qq.com/s/DRh_2aGKC2k_bqJK8eYvCg，2022年11月15日访问。

往下深挖一层，看看它为什么这么热门。换句话说，这个职业究竟提供了什么价值，对世界产生了什么样的影响。

很多人都说，软件工程师改变了人类的生活。那么，具体是怎么改变的呢？为了理解这一点，我们不妨从一张办公桌开始，看看它经历了什么样的演变。

1990 年，白领们的办公桌上通常摆放着台式电脑、记事本、地球仪、图书、计算器、名片夹、传真机……到了 2022 年，桌上的一切都变得不一样了：台式电脑成了笔记本电脑，记事本成了文本编辑软件，地球仪成了地图软件，图书成了电子书阅读软件，计算器成了计算器软件，名片夹成了手机里的通讯录，传真机成了电子邮箱……

你会发现，以前办公桌上的实体物品，统统被笔记本电脑、手机，以及各种各样的软件取代了。软件工程师在其中发挥了什么作用呢？很简单，电脑、手机里安装的每一款软件，都是软件工程师编写出来的。办公桌上的所有陈列都被他们用一行行代码改变了。

不止是办公桌，如今人们的衣食住行都发生了类似的变化。比如，我们要购物，不用非得去超市挑选，在淘宝、京东就可以下单；我们要出门，不用非得去路边拦车，在家里就可以提前约车；我们要吃饭，也不用非得去餐厅点菜，在美团、饿了么就可以点餐。

你的手机、你的笔记本电脑，还有你呼叫的出租车、你点的外卖，这一切都离不开软件工程师。

软件工程师对世界的影响远不止这些，它还从一些不易察觉的地方渗透进我们的生活。比如很多不可或缺的基础设施，水、电、通讯设施，都由软件控制；再比如我们读的每一本纸质书，都是由软件排版设计的；还比如我们偶尔去看病，医院里的信息传输也是由软件控制的……

你看，从看得见的日常应用到“看不见”的边边角角，软件作为强有力的引擎，不断推动现代世界的发展。就像硅谷投资人马克·安德森说的那样：“软件正在统治世界。”

这不是耸人听闻。早在2011年，马克·安德森就意识到了这一点，并根据当年的数据列出了数条“证据”：世界上最大的图书商是亚马逊；世界上最大的几家音乐商店分别是iTunes、Spotify和Pandora；世界上增长最快的娱乐公司是Zynga；世界上最好的制片商是皮克斯；世界上增长最快的电信公司是Skype；世界上最大的营销平台是谷歌；世界上最大的猎头公司是领英。[1]而各领域的这些巨头，本质上都是软件公司。

1. Marc Andreessen:Why Software is Eating the World, https://a16z.com/2011/08/20/why-software-is-eating-the-world/，2022年11月20日访问。

如今，软件对世界的改造还在加速进行中。毫不夸张地说，每个行业里的每家公司都要做好软件革命即将到来的准备。相应地，软件工程师所做的每一件事也会影响到更多人。所以，**软件工程师之所以热门，一个重要的原因是这个职业影响到了越来越多人的生活，创造了不可替代的社会价值。**

顺便说一句，“软件正在统治世界”是对软件工程师最大的褒奖，也是软件工程师最大的责任。如果你想成为一名软件工程师，一方面，你要明确自己的使命——让机器听话，让工作自动化，让人类生活更美好；另一方面，你也应该意识到，如果你未来成为一名软件工程师，那就意味着你将手握用代码改造世界的巨大权力。当你使用权力的时候，请务必保持谦卑，保持谨慎。

除了“热门职业”，第二种广为流传的说法跟软件工程师这个群体的形象有关。有人总结过大众对软件工程师的五大印象：黑框眼镜、秃头、格子衫、牛仔裤、运动鞋。你看，这些描述都在调侃其外在形象，没有一项涉及内在特质。软件工程师究竟是什么样的人？下面我们就跟着韩磊老师和郄小虎老师，来深入了解软件工程师们。

软件工程师大多是什么样的人

· 韩磊　郄小虎

提起软件工程师，你可能马上会想到这样的形象：穿着格子衬衫，头发稀少，还戴个镜片很厚的眼镜。但其实，软件工程师和其他职业的人没什么区别，他们有不同的喜好、不同的风格，当然也会有不同的外在形象。

如果你对这一行感兴趣，不妨换个角度，抛开外在形象，看看他们的内在特质。因为只有了解了这些，你才能知道他们中的大多数是什么样的人，也才能判断自己愿不愿意、适不适合成为其中的一员。

第一，软件工程师相对简单、追求专业。因为和机器打交道比较多，和人打交道少一点，所以软件工程师大多有一种倾向，就是逻辑思维比较"简单"，1 就是 1，2 就是 2；语言表达也相对直率，有什么说什么，不太会绕弯子。相应地，他们非常看重自己以及同行的专业能力，软件工程师之间流传着一句名言："Talk is cheap, show me the code"（请拿代码说话）。

第二，软件工程师喜欢“偷懒”。很多软件工程师热衷于自动化，遇到问题的第一反应是：能不能写个程序帮人干活？谷歌北京办公室发生过这么一件事。某年“双十一”，收发室堆满快递，很不好找。这时候一位软件工程师站出来，用业余时间开发了一个小程序。有了小程序，收件人只需轻轻一按，就能取到自己的所有快递。你看，所谓“偷懒”不是不解决问题，而是寻求更高效的解决方案。

第三，软件工程师是务实的行动派。和很多偏理工的职业类似，软件工程师遇到问题也喜欢追问为什么，了解事物的本质；但与此同时，他们不会在探讨理论的道路上一路狂奔，而是会追问到某个时刻就停下来，转而动手解决问题。他们可能会先设计一套可以使用，但并非完美的程序，先完成，再完善。小步快跑，持续迭代。

第四，软件工程师热爱分享，尤其是同行之间。很多人以为，软件工程师不喜欢和别人沟通，其实这有点误会他们了。痴迷技术的人，反而迫切希望和同道人互通有无。因为他们要解决的问题技术门槛高，外行几乎没有人能与之讨论，所以只能找同行帮忙。软件工程师之间的相互启发对解决问题非常重要，国内外很多活跃的技术社区，比如 CSDN、Stack Overflow 等，正是为此而存在的。

第五，软件工程师热衷于创新。我们都知道，一座大桥只能建在一个地方，别的地方要用，必须重建一座。相比之下，软件的可复用性和可迁移性要强得多。很多程序一旦做好，在这里可以用，在那里也可以用。如果需求差不多，用已有的程序是最好的办法，没有必要重做一遍。但在需求有较大差异的情况下，软件工程师很多时候得做之前没做过的东西，创造和设计新程序。可以说，创新是写在软件工程师的职业基因里的。

当然，以上只是软件工程师比较突出的几个特质。除此之外，他们中的大多数还非常好奇、细致严谨、擅于分析……了解了这些，你对软件工程师的理解是不是更立体了一些呢？

关于软件工程师，还有两个广为流传的说法："35岁现象"和"996"。这两个说法，一个关乎软件工程师的职业发展，一个关乎软件工程师的工作状态，无论在圈内还是在圈外，它们一直是被热议的焦点。

你可能会感到好奇，这些说法是真的吗？为什么会有这样的说法？下面我们就来看看，几位行业高手对此有哪些思考。

“35 岁现象”“996”是怎么回事

竞争：为什么会有“35 岁现象”

· 韩磊

有个绕不开的话题，叫“35 岁现象”。这个问题各行各业都在提，其中讨论最火热的当属软件工程师。他们口中的“35 岁现象”，指的是软件工程师干到 35 岁就过了黄金年龄期，会面临职业瓶颈，甚至遭遇被裁员、被优化、被淘汰的困境。对此，不少“业内人士”感到沮丧，他们说，“某大厂劝退 35 岁程序员，感觉真是没啥奔头”“今年 35 岁，简历投出去基本没反应”……

很多想入行的年轻人因此充满焦虑。他们想知道，软件工程师 35 岁被淘汰是真的吗？如果说是真的，我的确可以找到很多真实案例去佐证；如果说是假的，我也可以说“部分人的遭遇不能代表全部”。我认为讨论真假没有太大的意义，一个说法之所以被广泛讨论，一定是因为有相应的情况发生了。如果你有意做软件工程师，我可以告诉你，35 岁确实可能成为一个坎儿。但我更想告诉你的是，“35 岁现象”背后的原因是什么，基于此，你怎么判断自己要不要加入这一行，或者说如何避开这个坎儿。

要回答这些问题，我们得从两个层面分析。

先看社会层面。

为什么会有“35 岁现象”？在我看来，这是因为国内软件工程师的人才供需发生了错位。一方面，涌入这个行业的人太多。2021 年，注册过 GitHub 的中国开发人员多达 755 万，位居全球第二[1]。另一方面，行业真正需要的人才又不够。为什么这么说？

过去十年是互联网高速发展的红利期，国内软件行业处于野蛮生长的初级发展阶段。很多企业为了跑马圈地，迅速扩招技术人员，靠堆人解决问题，忽略了对人才质量的关注。那段时间，软件工程师在一定程度上被认为是劳动密集型职业。

但是，随着整个社会往高质量方向发展，软件行业正在回归其智力密集型本质。这时候，堆人已经不能解决问题了，软件行业需要的不再是大量水平一般的人，而是更多能力强、有经验的人。

1. Eirini Kalliamvakou:The 2021 State of the Octoverse,https://github.blog/2021-11-16-the-2021-state-of-the-octoverse/，2022 年 11 月 28 日访问。

初级工程师过剩，高级工程师紧缺。那些水平一般，长时间都没有足够长进的人，自然会被淘汰。至于为什么是“35 岁”，或许只是因为早期涌入行业的那批人差不多到了 35 岁的年纪。

“35 岁现象”是真实而残酷的。但同时，高质量发展的社会态势将推动软件行业培养并留住更多有经验的人。经验从哪里来？从从业经历里来。我相信，随着时间的推移，“35 岁现象”会在一定程度上得到解决，行业也能容纳更多 35 岁以上的技术专家。

再看个体层面。

从个体层面来看，“35 岁现象”的根源不在年龄，而在能力。**这个行业淘汰的不是年纪大的人，而是拿着 35 岁的人的薪酬，却只会做 25 岁的人做的工作的人。**

我们设想一下，某个软件工程师，人到中年，上有老下有小，精力比不上年轻人，能力跟刚入行几年的新人差不多，工资还比新人高，那么他的竞争优势在哪里？这时候公司一定会考虑性价比：与其留一个年龄大、成本高、能力一般的人，不如多招几个成本低的年轻人替代他。

我相信，只要产出质量高，数量也足够，一个软件工程师就不可能被淘汰。从公司的角度看，如果某个软件工程师的产出顶得上两三个人，为什么要裁掉他另外雇人呢？重新雇人的管理成本才更高。

分析归分析。我始终认为，“35岁现象”并不是我们作为个体该去焦虑的问题。很多人觉得，有问题就一定要解决。但在我看来，一个问题存在，我们不见得一定要为它找到解决方案。

“35岁现象”明显是个社会问题。社会对人的需求改变了，任何人都没法阻挡。我们能做，也真正该做的，不是为此终日焦虑，而是考虑清楚自己对什么感兴趣，到底想做什么样的工作。解决自己的问题，这才是最根本的。

根据我的观察，软件工程师这一行里很少有对软件完全没兴趣，纯粹把它当成谋生工具，还能一直干下去的人。这样的人可能已经被淘汰了。换句话说，在这一行，兴趣和经验是分不开的。有兴趣的人乐于钻研，敢于直面挑战，越往后经验越丰富，能力增长也越快，这是一个正循环。

实际上，想在任何一行走得长远，兴趣驱动都很重要。只不过软件工程师这一行压力巨大、竞争激烈，没有兴趣很难坚持下去。

回到很多人关心的问题：第一，“35岁现象”是真的吗？是真的，但也可以不是，看你怎么理解。第二，要不要加入这一行？我的建议是，先问问自己是不是真的对这一行感兴趣，愿不愿意为它付出 120% 的努力。软件工程师是一个高度智力密集型职业，同时对体力的要求也很高，所以留下的都是聪明、勤奋、自律的人。如果你想加入这一行，就得做好直面竞争的准备。

归根结底，“35 岁现象”只是诸多竞争力问题的其中之一。在这个人才高度集中的行业，竞争尤为激烈。高科技公司在享受高成长、高估值的同时，也承担着极大的业绩和创新压力。从公司管理角度看，压力一定向下传递，也就是最终要求软件工程师具有更强的竞争力。

关于“35 岁现象”，郄小虎老师的观点和韩磊老师有很多相似之处。与此同时，他还引入国外视角，将国内外情况做了一番对比，也非常值得一读。

对比：“35 岁现象”，国内外有何不同

· 郄小虎

软件工程师真的过了 35 岁就干不动、没前途了吗？

要回答这个问题，我们先到软件工程师聚集的硅谷看看。

在硅谷，无论是脸书、苹果、亚马逊，还是我之前任职的谷歌，很多工程师的年龄都是四五十岁，他们也不是做管理的，就是一线的工程师。通常，公司会给软件工程师很多空间，让他们提升技术水平；一旦软件工程师跨过一定的门槛，达到中上水平，就可以一直干到退休。

这么看起来，“35 岁危机”更像是一个国内特有的问题。

为什么会这样呢？因为国内很多公司面临着比较大的变化，可能今天专攻这块业务，上线之后发现没用，就不干了，换别的。这样一来，软件工程师的东西打磨得再好，也无法发挥什么作用。很多公司觉得你只要把这个功能实现了就行，不需要考虑得面面俱到，整体上对技术专业能力的重视程度不太够。

这一行在国内的氛围和它所处的发展阶段如此，软件工程师个人很难有所改变。但如果想在这一行干得长久，你就要明白，“35 岁危机”更多地与能力、水平相关。如果能力到了，年龄就不是问题；如果能力不到，到 35 岁就可能面临被淘汰的风险。

为什么 35 岁是一个节点呢？因为 35 岁意味着一个人硕士毕业后工作也有 10 年了，如果工作 10 年还达不到资深工程师的水平，从某种意义上说，被淘汰是不可避免的。这一点其实国内外都一样——即便在硅谷，软件工程师也至少得达到中上水平才能一直干下去。

怎么才算达到资深工程师的水平呢？通常来说，软件工程师不是只会一门编程语言，知道开发环境什么样的就够了，而是要拥有思考、总结、抽象的能力。这些能力是能够持续穿越周期的，不会因为具体的技术更新换代而受影响。同时，软件工程师还需要有一种持续学习、保持进步的心态。也就是说，如果心理状态保持年轻，对各种新事物保持开放的心态，就很难出现“35 岁危机”。如果你总是图个钱多事少离家近，那么被公司优化是迟早的事情。

因此，**这个行业不存在真正的年龄的坎儿，只存在能力的坎儿。**其实所有行业都是如此，只是软件工程师这一行的容错率比较低，你可能到岁数就干不下去了，而在别的行业还能混下去。

除了“35 岁现象”，软件工程师圈子里还有一个热议话题——“996”。它的意思是早上 9 点上班，晚上 9 点下班，一周工作 6 天。

实际上，没有多少公司会出台这样的硬性规定。“996”更多表达的是软件工程师这一行工作时间长、工作强度大，它的主要表现为加班特别多。

有个笑话是这么说的：一位软件工程师去面试，面试官提问："你毕业才两年，这三年经验是怎么来的？"软件工程师回答："加班。"

调侃归调侃，关于加班这件事，韩磊老师给出了他的看法和建议。

"996"：加班这件事，个体如何应对

· 韩磊

一定程度的加班，是软件行业普遍存在的现象，这一点你要有清醒的认知——看不尽的代码、没日没夜的加班、进度的压力是大多数软件工程师必须面对的。对于"996"，我既不赞成也不反对。因为它和"35 岁现象"一样，也是个社会问题，比起改变，更重要的是如何应对。

回到自身，如果你入行之后被加班问题困扰，不妨先问自己两个问题：这是有意义的加班，还是机械式的加班？加班本身有没有提升个人能力的价值？

学不到任何东西的机械式加班是没有意义的。如果加班不能带给你有价值的回报，那么你可以考虑离开。否则长此

以往，你注定会“35 岁被淘汰”。

话说回来，我见过很多软件工程师，不见得是公司强制要求加班，而是出于自己的兴趣在“加班”。他们擅长在工作中学习，**把工作中每一个 bug（代码缺陷）的修复、每一行代码的编写、每一个单元测试的通过，都变成能力的成长。**他们愿意主动探索自己感兴趣的领域，哪怕是下班时间也会持续学习。这样的“加班”才是有意义的。

到这里，你已经了解到行业高手是怎么看待关于软件工程师的一些常见说法的。我们简单总结一下：

1. 软件工程师为什么如此热门？过去你可能看过这个职业“最吃香”“最具竞争力”的描述。现在你知道了，这个职业之所以热门，很大程度上是因为它对社会的影响越来越大，创造了不可替代的社会价值。很多人没有意识到，“软件正在统治世界”。

2. 软件工程师究竟是什么样的人？过去你可能听过有关软件工程师外在形象的调侃。现在你知道了，软件工程师是一群有血有肉的人：他们相对简单，追求专业；他们喜欢“偷懒”；他们是务实的行动派；他们热爱分享和创新。

3.“35 岁现象”“996”是怎么回事？过去你可能在社交网络上接触过这两个词，对其有基本的认识。现在你进一步知道了，它们本质上属于社会发展问题。作为个体，我们要思考的不是现象本身，而是如何应对。

除了这些广为流传的说法，软件工程师还有很多值得关注的面向。接下来，我们即将转换到第二个视角，来看看这个职业好在哪里，下面首先从备受关注的薪酬和机会看起。

做软件工程师能赚多少钱，机会在哪里

薪酬：公认的高薪职业[1]

“高薪”一直是软件工程师的标签之一。具体高到什么程度呢？

根据我国国家统计局发布的数据，2016—2021年，所有城镇单位就业人员中，“信息传输、计算机服务和软件业就业人员”的平均工资连续6年蝉联首位。2021年，软件工程师的平均工资（年薪）为201506元，比排在第三位的金融行业从业人员高出50663元。[2]

可以说，软件工程师是近年来我国城镇就业人口中平均薪资最高的群体。

1. 本篇内容由编著者根据相关参考资料整理而成。后文有未标注受访者的文章，也是这种情况。

2. 资料来源：https://data.stats.gov.cn/easyquery.htm?cn=C01，2022年12月2日访问。

2022年3月，国内技术社区CSDN发布《2021—2022中国开发者现状调查报告》。[1]报告显示，2021年，49.2%的软件工程师月薪在8001～17000元，20.5%的软件工程师月薪在17001～30000元区间。

值得注意的是，不同城市的软件工程师薪资差异很大。月薪高于17000元的开发者中，近三成来自北京，其次是广东和上海。

70%的软件工程师通常聚集在一线、新一线城市。尤其是北京和广东，仅这两个省市的开发者占比就达到了全国总数的28.1%。

在阿里巴巴、腾讯、字节跳动、美团、百度等国内互联网“大厂”中，软件工程师有非常清晰的职级晋升路线，比如P序列（专业序列）、腾讯的T序列（技术序列）等。职级越高，对应的薪酬也越高。

不只是国内，在全球范围内，软件工程师都是高薪职业。2022年1月，一家关于美国科技公司的数据收集网站Levels.fyi发布了《2021年全球程序员收入报告》。这份报告显示，美国软件工程师年收入最高的几个地区是旧金山（24万美

1. 商业新知：《<2021—2022中国开发者现状调查报告>，揭晓IT行业真实现状》，https://www.shangyexinzhi.com/article/5236949.html，2022年12月2日访问。

元）、西雅图（21.5 万美元）和纽约（19 万美元）；而在美国之外，软件工程师收入最高的地区是瑞士苏黎世（20 万美元），其次是以色列首都特拉维夫（19 万美元），再次是澳大利亚悉尼（14.5 万美元）。[1]

值得一提的是，软件工程师是一个全球化程度很高的职业。很多国际性大公司都在世界各地设有分部，内部人员流动性很大。你可以把公司想象成一根巨大的水管，所有工程师在同一个管道系统里自由流动，大家的收入水平其实是很接近的。如果你在中国做得出色，只要英语还不错，去美国或欧洲工作并不难，待遇也不会低，反之亦然。

最好不要跳过的补充知识：

软件工程师这个职业的工种比较多，不同区域、不同岗位的薪资水平也不太一样。比如，你想了解 iOS 工程师的薪资水平，可以到 BOSS 直聘这个数据动态更新的网站看看：https://www.zhipin.com/salaryxc/p100203.html，它会为你提供不错的参考。

1. 界面新闻：《2021 全球程序员收入报告：字节跳动高级工程师排第五》，https://mp.weixin.qq.com/s/c0U23za_XcKs5QJx51VA2g，2022 年 12 月 2 日访问。

机会：哪些公司和岗位可供你选择

· 韩磊

说起软件工程师，很多人会想到互联网，想到他们是敲代码的人。这是一个简单的印象。其实，需要软件工程师的不止互联网公司，敲代码的岗位也分很多种。如果你想加入这一行，可供选择的空间其实比想象中要大。下面我们就来看看，一名软件工程师可以选择的公司和岗位有哪些。

先来看公司。大体来说，需要软件工程师这个岗位的公司有四种。

第一种是非软件公司或机构。这也是很容易被忽略的一类，其中包括很多乍一听跟技术不沾边的企业，也包括很多国企、事业单位。一些政府机关、研究机构乃至于其他企事业单位，都有为单位或系统内部开发软件的部门或附属机构，也都会设置软件工程师的相关岗位。

第二类是专门的软件开发公司。其中包括做信息系统软件的公司，比如用友软件公司；也包括一些技术外包公司，比如微创软件、腾信软创、博彦科技、柯莱特、浪潮、中软国际、软通动力等。这些公司本身就是做开发的，里面大部分的工作岗位也都是为软件开发而设置的。

第三类相当于前两类的结合。有的大企业原本只给自己开发软件，后来发现他们开发的软件在某个行业里具有普遍适用性。这些企业就想，是不是可以把软件卖给更多人？于是它们内部孵化，成立了面向整个行业的软件公司。这种情况在工业领域比较常见。例如树根互联，就是三一集团孵化的工业互联网技术公司。

第四类是提供某种特定社会服务的公司。比如娱乐服务、知识服务等领域的公司。举个简单的例子，游戏公司或者视频网站看起来是提供娱乐服务的，背后实际上有大量的研发人员。放眼各个领域，这样的公司数不胜数，我们日常使用的抖音、滴滴、高德等都在此列。

总的来说，软件无所不在。软件正在成为各行各业的基础设施，软件工程师也正在成为各行各业的基本人才配置。

再来看岗位。软件工程师是个统称，它下面有很多细分工种。即使是同一家公司，也可能会分做前端网页的工程师，做移动端 iOS 系统的工程师，做移动端安卓系统的工程师，做后端的工程师，等等。你随便打开一个招聘网站，搜“软件工程师”，也都会出来很多结果。

比如，我所在的公司，产研团队就有这些岗位设置：产品经理、技术经理、项目经理、架构师、后台开发工程师（GO 语言、Java 语言、PHP 语言）、算法工程师（C++）、硬件驱动工程师（C、C++）、应用开发工程师（Windows、U3D、Electron、

Android、iOS、Qt)、Web前端工程师(VUE、JS)、UI设计师、交互设计师、测试工程师等。

其中,UI设计师、交互设计师、(不写代码的)测试工程师不在软件工程师之列。既便如此,软件工程师这一行的岗位依然很多。加入这一行,你有很多方向可以走。

很多人看到软件工程师薪酬高,待遇好,于是一窝蜂涌进这一行。但如果入行之后才发现自己志不在此,只能硬着头皮做下去,那就非常遗憾了。

其实对你来说,一个职业之所以好,薪资高、机会多只是一方面的考量。另一方面的考量也很重要,但经常会被忽视,就是你喜不喜欢这个职业,能不能乐在其中。

那么,怎么判断这一点呢?接下来我们一起看看,在行业高手眼里,写代码的迷人之处在哪里,从业者的底层驱动力是什么。你可以一边阅读一边感受,判断自己跟他们有没有相似之处,会不会被这个职业吸引。

做软件工程师，成就感来自哪里

魅力：写代码的迷人之处在哪里

· 韩磊

很多人觉得软件工程师特别神秘。确实，如果站在外面看，你看到的是五颜六色的代码、或横或竖的屏幕，当然还有“面无表情”的软件工程师。但是，你只要稍稍推开软件工程师行业的大门，就会发现它的迷人之处。

这扇门叫作：**“Hello world!”（你好，世界！）**。

很多软件工程师对这份职业产生兴趣，是从编程开始的。而“Hello world!”是几乎所有编程语言的第一个示例程序。它的功能只有一个，就是让计算机屏幕显示出“Hello world!”这串字符。

对任何一个软件工程师来说，“Hello world!”运行成功的那一刻都值得欢呼。因为这代表他和计算机实现了沟通，代表他开始拥有了指挥计算机完成任务的能力。这就好像冰冷的机器被赋予了生命一样神奇。我相信每个软件工程师都经历过类似的时刻。那种发自内心的喜悦和成就感是无可比拟的。

在我看来，这种强烈的感受主要源自两个方面。

第一是人类与生俱来的掌控欲和征服欲。几十万年前，我们的祖先智人就开始尝试探索和征服世界。一直到现在，人类对世界的掌控欲和征服欲依旧是无穷无尽的，这是进化的结果，是写在人类基因里的。每当软件工程师写下一行行代码，看着代码跑起来，让计算机干什么它就干什么的时候，他们都会产生一种“世界尽在我手”的掌控感。

第二是计算机本身的复杂性。我们都知道，一个人能够解决的问题越复杂，他的成就感越大，而计算机正是复杂的代名词。要知道，指挥计算机完成任务可不像拿刀切食物，或者用锤子砸钉子那样简单，它背后有着肉眼不可见的复杂过程。

就拿“Hello world!”这个最简单的程序来说，它是怎么运行起来的呢？

首先，软件工程师通常要用一种高级编程语言（Java、C语言、C++、python 等）输入代码，对计算机下达指令；

其次，计算机要把工程师输入的代码翻译成机器能理解的二进制代码（即一系列指令）；

再次，CPU（中央处理器）运行这一系列指令，准备好要显示的字符；

最后，计算机还要通过一套专门控制屏幕像素点的程序，让屏幕显示出指定字符。

你看，这可一点也不简单。一个人要是没有专业知识，根本驾驭不了软件工程师们解决的问题。相应地，软件工程师在解决问题后产生的成就感也更大。这种成就感点燃了很多人对写代码、编程序，甚至成为一名软件工程师的热望，并在他们以后的职业生涯中持续发挥驱动作用。

底层：软件工程师的驱动力从哪里来

· 郄小虎

很多人可能觉得，软件工程师收入高，厉害的还能创业开公司。现在全球市值最高的几家公司，苹果、谷歌、脸书、微软都是软件工程师创办的，从事这一行的人大概是利益驱动型的。

但在我看来，软件工程师最底层、最原生的驱动力其实是因为创造新事物所带来的成就感，高收入只是副产品而已。为什么这么说呢？

首先，相信每个选择进入这一行的人，都经历过这样一些难忘的时刻：当你用代码做出一个小玩意儿时，当你跑通第一个程序时，当有用户使用你做的软件时，当你学会了一种更高级的技术时……那种感受，拿什么都换不到。我认为这种成就感才是一名软件工程师在这一行走下去的底层驱动力。

其次，对大部分软件工程师来说，自己做的事情特别牛，能够受到编程界及计算机行业的认可，是很重要的。比如，很多人把自己写的代码做成开源的，放在网上免费让其他人使用。这样做无法带来任何利益，但如果行业里大家用的是我写的代码，这种感觉就很不一样，会让软件工程师产生极大的满足感和荣耀感。

最后，软件工程师还会关心自己做的事是不是能对社会产生真正的影响，是不是能真正改变这个世界、改变人们的生活。很多软件工程师心中向往的，是林纳斯·托瓦兹[1]这样的人。

总的来说，**创造带来的成就感，足以支撑一名优秀的软件工程师走得很远。**至于收入比较高，回报多，其实只是

---

1. 林纳斯是 Linux 操作系统的创造者。我们每天使用的手机、家里的电视机顶盒，甚至全球排名前 500 的超级计算机，大部分都是以 Linux 为基础开发扩展的。没有 Linux，这些工具都不会是现在的样子。

近年来的事情——软件工程师刚好赶上了新一轮的互联网大潮。

到这里，你已经对软件工程师这个职业好在哪里有了一定的了解。从宏观角度看，软件工程师的薪资高、机会多；从微观角度看，那些做到金字塔塔尖的人，其底层驱动力不是金钱，而是用代码控制机器的简单快乐，以及用代码创造新事物的成就感。

当然，凡事都有AB面，除了“好”的一面，这个职业还有“难”的一面。接下来，我们转换到第三个视角，一起了解一下软件工程师难在哪里，看看他们面临的挑战有何不同。

成为软件工程师，必须面对哪些挑战

挑战：驾驭复杂工具，需要什么能力

· 韩磊

世界上的每个职业本质上都是要解决一个个现实问题，软件工程师也不例外。如果非要说这个职业有什么不同，我认为是软件工程师必须通过计算机这种工具去解决问题。

请注意，计算机不是什么简单的机器，而是一个考验脑力的系统。

为什么这么说？因为作为机器，计算机听不懂“人话”，只能理解简单、明确的代码指令。本质上，计算机接受输入，在内存中将数据搬来搬去，做各种数学和逻辑计算，然后输出结果。这个逻辑看似简单，却给软件工程师的工作带来了巨大挑战。这个挑战就是，如何把人类世界的复杂需求“翻译”成计算机能理解的简明指令，预先组织好前后逻辑，确保计算机能“听懂”并且执行。

这个挑战的第一大难点在于，怎样把人类世界的复杂需

求分析清楚。这也是软件工程师要做的第一层“翻译”，需要很强的逻辑思维能力。

很多需求说起来简单，可能一句话就讲完了，但其实背后有复杂的逻辑。举个例子，很多人在网上买过火车票，假设现在有个需求，让软件工程师写一个买火车票的程序。需求一句话就讲完了，但是对于软件工程师来说，他们必须分析买火车票这件事具体包括哪些要解决的问题。

比如说，买火车票和买一般商品不一样，电商平台是把商品上架，让所有人去买，先到先得，一个商品对应一个买家。但火车票不同，火车票是分段售卖的，从广州到北京，中间可能有 10 个站点。那么，软件工程师就需要设计一套规则把火车票合理分配到 10 个站点构成的所有区间，有从郴州到广州的，有从郴州到南昌的，有从广州到南昌的，等等。

你会发现，火车上的一个座位不是一件商品，而是很多件商品，它们共同组成了一个复杂问题。如果软件工程师理解不了这一点，没有能力把问题分析清楚，他写代码的时候就没办法对整件事情做切块处理，也就没办法用计算机可以理解的方式去解决问题。

如今，计算机已经成为现代世界运行的基础，当世界上越来越多的事物都依赖计算机去运行的时候，软件工程师的工作就会触及人类生活的方方面面。每一个方面的需求，软件工程师都要先做分析，分析清楚之后，才能进行下一步的工作。

把人类需求翻译成机器指令的第二大难点在于，怎样把现实世界中的信息转化为数字语言，准确、有效地传达给计算机。这个问题涉及技术上的专业知识，比如计算机语言、数据结构、算法等，在这里按下不表。值得关注的是，准确、有效地传达人类需求给计算机，同样要求软件工程师有很强的逻辑思维能力。

具体来说，软件工程师在写代码的时候需要运用一些逻辑，比如最简单的“如果符合 A 则导出 B，如果不符合 A 则导出 C”，或者其他数学逻辑，把人类世界的复杂需求翻译成“做这个”“不做那个”给计算机。因为计算机本身是一个包含超级逻辑的架构，如果一个人对逻辑的理解不透彻，那么问题分解出来之后，他也没有办法按照有条理的方式让计算机知道，这就容易出问题。

说个题外话，这种用编程语言思考问题的习惯，放在现实世界里有时候会有点可笑，所以下文这则“老公买了一个包子回家”的笑话才会广为流传。不过，这些笑话很大程度上是软件工程师的自嘲，实际上没那么夸张。

你看，软件工程师像是人与机器之间的翻译，需要将人类的诉求翻译成计算机能理解的指令。如果没有很强的逻辑思维能力，就很难把复杂问题拆解开来。可以说，逻辑思维能力是软件工程师必备的基本能力，否则什么事情都做不了。

“老公买了一个包子回家”的笑话，相信很多人都听过。

老婆给当软件工程师的老公打电话：“下班顺路买一斤包子带回来，如果看到卖西瓜的，就买一个。”当晚，软件工程师老公手捧一个包子进了家门……老婆怒喝：“你怎么就买了一个包子?!”老公答：“因为我看到了卖西瓜的。”

这个笑话看上去是在嘲笑软件工程师不懂变通，实则揭示了软件工程师解决复杂挑战的关键能力，也就是韩磊老师在上文中重点强调的——逻辑思维能力。

除了要具备逻辑思维能力，软件工程师面临的挑战还有很多。关于这一点，我们再看看韩磊老师怎么说。

特点：为什么软件工程对人的要求特别高

· 韩磊

要想进一步了解软件工程师面临的挑战，“软件工程”是一个很好的切入点。

看到“工程”两个字，人们一般会感到踏实。因为它通常意味着科学可靠、设计精密、目标明确、步骤清晰，甚至执行无误、分毫不差。传统的桥梁工程、建筑工程、铁路工程、电气工程都有类似的特点。但很多人不知道，软件工程虽然也带有“工程”二字，却跟传统工程有很大的区别。

这是因为，“软件工程”的关键不在“工程”，而在“软”，你可以把它理解为“柔软”。“柔软”是软件的根本特点，理解了这个词，我们也就理解了软件工程师面临的独特挑战。

在我看来，所谓“柔软”，至少包括以下三层含义：第一，不是具象的，而是抽象的；第二，不是一成不变的，而是灵活可变的；第三，不是高度可靠的，而是容易出错的。下面我们逐个来看。

第一，不是具象的，而是抽象的。这一点很好理解。传统工程是具象的。比如桥梁工程，不仅建造过程清晰可见，建成之后，大桥立在那里也看得见摸得着，特别具体。而软件工程就不一样了，软件的基本组成单位是代码，除了软件工程师，别人很难看到它们，即使看到了，也无法理解其中的逻辑。这就需要软件工程师具有很好的抽象能力，否则很容易出错。

第二，不是一成不变的，而是灵活可变的。我们知道，一座大桥建成之后，它的桥墩、桥面、悬索等部件不会轻易再改动。大桥投入使用，桥梁工程基本也就结束了。而软件工程不一样，软件上线之后，每个细部都可以修改；一款软件很有可能上午上线，下午收到反馈就要开始调整。软件上线那一刻，不是工程的结束，而是无数次修改的开始。因此我们可以看到，绝大多数软件工程都不是一步到位的，而是小步快跑，持续迭代的。这就需要软件工程师有响应变化的能力，随时做好准备去迭代。

第三，不是高度可靠的，而是容易出错的。我们都知道，一座大桥往往可以在一个地方牢牢矗立几十年，甚至上百年，稳定发挥它的功能。软件相对来说就没那么可靠了，甚至可以说是常常出错、bug不断。软件工程师写错一个不起眼的符号，就可能导致事故。这就需要软件工程师有全面思考的能力，以及快速发现问题、解决问题的能力。

你看，所谓“柔软”，既有强韧的一面，灵活易改；也有脆弱的一面，容易出错。我认为，强韧和脆弱是软件工程的一体两面，而最终决定软件质量的，是写代码的人。说到底，相比传统工程，软件工程的工业化程度比较低，实现起来难得多，对人的要求也高得多。

到这里，你看过了软件工程师的好，也理解了软件工程师的难。那么，怎么才能从事这样一个职业呢？如果外行想“转码”，有没有可能？好不好转？

这些你关心的问题，我们看看行业高手怎么说。

成为软件工程师，需要具备哪些条件

门槛：为什么说“入门容易，精进难”

· 韩磊

如何找到一份软件工程师的工作？

Q：需要资格证书吗？

A：不需要。

Q：仅限科班出身吗？

A：不强制，但最好是（国内约 80% 的软件工程师出自计算机相关专业）。

Q：特别看重学历吗？

A：通常来说，至少需要大专及以上学历，大部分公司要求本科及以上学历，算法、人工智能相关岗位大多要求硕士及以上学历。

不要证书，不限专业，学历要求相对宽松，唯一一道硬性门槛是：你得有基本的编程能力。

具体来说，你要对未来岗位使用的计算机语言、框架、模块、常用工具包等有基本认识。掌握了这些，你就可以让计算机执行指令，实现一些基本功能，修复一些简单 bug 了。

由于编程是个适合自学成才的技能，很多人不是科班出身，靠自学也能找到一份写代码的工作。所以，如果你想成为一名软件工程师，入门难度没有想象中那么高。

但是请注意，会编程只能支撑你成为一名初级软件工程师。要想继续精进，门槛就会陡然增高。

道理很简单。就像我们做菜一样，炒鱼香肉丝的门槛高吗？不高。把肉丝和配菜一切，用葱姜蒜一炒，大部分人都能炒出来。但是到了登堂入室的阶段，门槛就高了：泡椒必须去籽剁细，葱姜蒜配比、糖醋配比要求非常严格；肉丝必须切成 6 ～ 8 厘米长、0.3 厘米粗的“二粗丝”；大厨得知道葱分几次下，什么时候下……从新手到高手，考验的是实打实的内功。所以厨师这行也有职级评定。国家级烹饪大师炒的鱼香肉丝，与刚被允许上灶的初级厨师炒的鱼香肉丝，可以说判若云泥。

软件工程师也一样，入行之初做点简单任务，会编程就可以，但越到后面门槛越高。我们具体来看看。

第一道门槛是数学。数学好不好，决定了一名软件工程师有没有发展潜力，能不能成长为高级人才。如果说编程语言是血肉，那么数学就是灵魂。

我们都知道，数学考验的是归纳、总结和抽象的能力。这些能力在软件工程师的世界里，就是解决问题的能力。比如，当软件工程师做某项工作的时候，可能涉及求质因数，可能涉及泰勒展开，可能涉及概率分析，可能涉及贝叶斯算法……如果没有学过高等数学，根本无力应对。

第二道门槛是基础。基础牢不牢，也会影响一名软件工程师的职业天花板。这是因为计算机是个复杂系统，当我们让它计算“1+1=2”的时候，背后有无数的事情在发生。软件工程师对这些事情的理解越深刻，解决问题的能力就越强。如果一名软件工程师只会编程，不懂原理，那么他只能造个窝棚，没法建成高楼大厦。

以上两项内功，即数学能力和对计算机基础、计算机底层逻辑的掌握，提升起来都不容易。但是，软件工程师越往高处走，拼的就越是基本功。基本功扎不扎实，直接决定了人跟人的差距。就像比尔·盖茨说的：“一个出色的车床工人的薪水是普通车床工人的数倍，但一位出色的软件工程师的价值是普通软件工程师的10000倍。”

虽说软件工程师大多是计算机相关专业出身，但也有来自其他专业，甚至文科专业的人才。随着整个社会对软件工程师的需求越来越大，也因为薪酬高，不少其他行业的人开始考虑“转码”，通过参加培训、自学等渠道，从零开始学编程。

如果你所学的专业和计算机无关，或者你已经在其他行业工作过，想看看有没有机会加入软件工程师这一行，推荐你先读读韩磊老师的提醒和建议。

转换：外行“转码”难不难

· 韩磊

其他行业的朋友转做软件工程师其实不太容易。如果你以前从事的工作和数学有关，相对比较好转。如果你是纯文科背景，想在这一行长远地走下去，基础必须打好，有些课得补上来。

首先是数学。这方面的不足或缺失，不会妨碍你在应用层面写一些功能，但你不太容易解决繁难问题，也很难写出高效的程序。如果没有一定的数理基础，一个人就永远达不到经过专业训练的人的水平。要想补上这门课，只有一个办法——回头学习高等数学。

其次是基础知识。我非常建议打算“转码”的朋友，把大学计算机专业的课程、课本都看一遍。尤其是计算机原理、数据结构和算法，一定要补。网上有很多慕课这样的资源可以供你学习，线下也有培训班。

如果你不确定自己适不适合做这一行，能不能长久地走下去，**推荐你先看两本书——《算法之美》[1]和《编码》[2]**。这两本书难度适中，相对通俗易懂，很适合打算转码的朋友做自我测试。如果从头到尾读下来没问题，那么你可以考虑在这条路上继续往下走。

抽象能力，响应变化的能力，全面思考的能力，发现问题、解决问题的能力，编程能力，数学能力，理论基础能力，这些都是成为软件工程师的难点所在。

你可能会问，克服这些难点就可以了吗？还不行。因为除了这些日常可见的难点，软件工程师还要面对一些容易被忽略的风险。比如，不持续学习就会被淘汰；再比如，稍不留神就可能酿成灾祸。

如果你想在软件工程师这条路上走得久，走得远，这些风险你必须了解。只有这样，你才能具备应对它们的意识和能力。

1. 〔美〕布莱恩·克里斯汀等：《算法之美》，万辉、胡小锐译，中信出版集团 2018 年版。

2. 〔美〕Charles Petzold：《编码》，左飞、薛佟佟译，电子工业出版社 2012 年版。

成为软件工程师，可能面对哪些风险

修炼：为什么“不学习就出局”

· 韩磊

看到这个标题，你可能会觉得，每个职业都在提倡终身学习，这没什么特别的吧？请注意，对软件工程师来说，持续学习不是倡议，也不是锦上添花的可选项，而是必须达成的硬要求。打个比方，“随时出局”相当于时刻悬在软件工程师头上的一把剑，如果不持续学习，这把剑会直接掉落下来，毫不留情。

这一行为什么如此严苛？主要有三个原因。

第一，这是一个高度智力密集型职业。前文提到，软件工程师需要具备逻辑思维能力、抽象能力、全面思考能力等，这些都要充分调动他们的智力资源。更重要的是，调动智力资源不是一劳永逸的；一段时间不用它们，能力立马就会退化。所以软件工程师要持续思考，这样才可以有一个随时可以调用、可以解决问题的大脑。

第二，这个行业的变化十分迅速。这种变化体现在两个方面。一方面，软件工程师所服务的行业在不断变化。比如，20 年前我们不会谈工业软件、物联网软件，而现在，我们不但有工业软件、物联网软件，还有短视频软件、即时通讯软件、无人驾驶软件、机器学习软件等以前完全不存在的产品。每个行业的变化都日新月异，软件作为基础设施，必须随之而变。另一方面，做软件本身所需要的技能也在不断变化。比如，今天你需要懂 C 语言，明天你需要懂 Go 语言。要想跟上时代的发展、行业的变化，你必须时刻保持学习状态。

第三，软件行业是一个相对开放、透明的系统，很多代码都是开源的。也就是说，一个问题有了某种解决方案，这种方案会迅速被公开、分享、复制，变成所有人都可以学习、使用的知识。这就意味着，没有人可以躺在既有优势上睡大觉，软件工程师只有一件事可以做，那就是不断学习、不断创造、不断探索新的领域。

说到底，软件工程师是一个既残酷又美好的职业。我听过有人抱怨：新知识、旧知识，怎么学都学不完；也听过有人感慨：做软件工程师，永远不担心没有新东西学。

如果你跟后者一样，热爱学习，不惧艰辛，愿意持续迭代自己，那么这个职业很适合你。否则，被淘汰出局的风险会时时困扰着你，直到有一天你被迫放弃。

除了“不学习就出局”的风险，还有一个风险值得关注，那就是软件工程师可能造成的危害。一直以来，这一点都被行业内外的人忽略了。

实际上，当大家都在感慨软件工程师的力量之大时，我们也要看到这股力量的另一面——软件工程师稍不留神，就可能造成难以挽回的危害。

操守：为自己敲下的代码负责

· 韩磊

你可能看过这样的新闻：“某公司程序员删库跑路，竟为报复领导”“某黑客组织蓄意攻击，1000个网站一夜瘫痪”。这种事外行看了要么觉得新奇——软件工程师竟然有这么大的威力；要么觉得好玩，把它当成茶余饭后的谈资。如果你是一名软件工程师，就不能想得这么简单了。

首先，请千万绷紧一根弦：以上都是违法行为，违法的事情不能干，这是底线。

其次，你要对自己可能造成的影响有清晰的认知。很多软件工程师认为，自己只是个写代码的，只要不故意搞破坏，

就不会造成什么危害。真是这样吗?看看这些代码引发的事故吧:

- 1985—1987 年,放射治疗机 Therac-25 的某段代码存在问题,至少导致 6 起医疗事故;[1]
- 1996 年,阿丽亚娜 5 型运载火箭的某段程序出现 bug,火箭在发射后 37 秒被迫自行引爆;[2]
- 2000—2010 年,丰田汽车安装的软件系统存在意外加速 bug,导致 89 人死亡;[3]
- 2012 年,美国骑士资本的技术人员忘记删除某个代码标识,导致公司 45 分钟损失 4.6 亿美元。[4]

这绝非耸人听闻。很多软件工程没有意识到,除了故意搞破坏造成的危害,还有一些更隐蔽的危害需要关注,那就是由客观因素,比如软件工程师的职业素养不够、个人能力不足导致的危害。这种危害产生的可能性之大、影响范围之

---

1. 钛媒体:《核能杀手 Therac-25:治病机器与杀人软件》,https://www.tmtpost.com/baidu/5739926.html,2022 年 12 月 10 日访问。
2. 腾讯网:《一个 Bug,差点毁灭世界……》,https://new.qq.com/rain/a/20211005A01HRL00,2022 年 12 月 10 日访问。
3. 一财网:《美国称丰田意外加速或已导致 89 人死亡》,https://m.yicai.com/news/354343.html,2022 年 12 月 10 日访问。
4. 〔美〕Robert C. Martin:《代码整洁之道》,人民邮电出版社 2020 年版。

广、造成的后果之严重，都被严重忽略了。

一个买票程序写得不好，导致成千上万人回不了家，这是危害。一个核磁共振机上的应用写得不好，导致靠它治病的人面临生命危险，这也是危害。一个汽车上的自动驾驶应用写得不好，导致车主车毁人亡，这更是危害。软件工程师写的任何一行代码，都有可能造成危害。

作为软件的创建者，**每一名软件工程师都应该意识到，你不是躲在计算机之后敲代码的人，而是会对现实世界和大众生活产生实实在在影响的人。**你得知道你写的代码是做什么的，将会造成什么样的影响。

现代社会越来越多地运行于软件之上，我们的衣食住行、社交、娱乐、学习等，全都离不开软件。微信、微博、淘宝、美团、滴滴出行、高德地图、抖音……过去，软件只是现实世界的映射；如今，软件正在为现实世界创造某些从未存在过的规则，甚至可以说“软件正在统治世界”。在这种背景下，软件工程师绝不只是“写代码的人”，而是“手握权柄者”，是动动手指就能影响千万人生活的人。力量越大，责任越大。如果你想成为一名软件工程师，你就要对自己敲下的代码负责。

到这里，我们已经走过了“行业地图”章节的80%。你看到了这个职业光鲜、可爱的一面，也看到了它残酷、艰辛的一面。接下来，我们将带你最后一次转换视角，看看这个职业的未来在哪里，哪些事物值得期待。在这个视角下，你将看到两方面的内容：第一，从个体角度看，如果你从事这个职业，职业天花板有多高，未来你可能变成什么样的人；第二，从行业角度看，软件行业未来有哪些最具发展潜力的领域。

成为软件工程师，职业天花板有多高

· 郄小虎

从个体的角度来看，软件工程师的职业天花板有多高？

如果把软件工程师整个职业生涯的成长分成四大台阶，我认为它们分别是：新手阶段、进阶阶段、高手阶段和行业大神阶段。它们分别对应这样几种能力：执行力、设计能力、融会贯通的能力、沉淀方法论和开创新领域的能力。

新手阶段强调执行力。初入一家公司时，你会被分配一些任务，上级会明确告诉你任务是什么，用什么样的方法达成什么样的目标。你按照方法一步步去做，保质保量完成，这就可以了。

进阶阶段强调设计能力。这个时候，上级会给你布置任务，但不会告诉你怎么做。相当于他给你的只是一个问题，你需要自己把这些问题抽象、拆解开来，并独立设计解决方案。

高手阶段需要融会贯通的能力。这种能力对应的岗位其实是我们通常讲的架构师，也就是软件项目的总设计师。假设你是一名架构师，你不仅要看到系统从过去到今天是怎么变化的，还要看到外界的哪些需求、内部的哪些技术导致了这些变化，并且预判系统未来要朝什么方向发展。你需要把技术的演进、需求的变化、系统的发展等多个维度综合起来考虑。

行业大神阶段需要沉淀方法论。在这个阶段，你已成为大家公认的某个领域的权威，你对这个领域发展方向的判断是非常准确的。同时，你还能够沉淀出一套方法论。这套方法论不仅适用于当前的领域，别人也可以用它解决其他领域的问题。

大神中最顶尖的人，还能开创新领域。这些新领域的开创都是革命性的。可以说，计算机、互联网领域出现的每个重大里程碑，几乎都是软件工程师开创新领域的结果。比如，20 世纪 70 年代，业界公认的大神、美国科学家肯·汤普森作为其中一名主创者开发出了全新的操作系统 UNIX。这一系统不仅可以用于网络操作，还可以作为单机操作系统使用，后来被广泛应用于工程应用和科学计算等领域。

从这几级台阶来讲，越往上走，要求越高，能达到的人越少。从执行到设计，可能 60% 以上的软件工程师都可以跨越；但从设计到融会贯通，大概只有 30% 的人能跨越；再从融会贯通到形成方法论和开创新领域，1% 的人都不到。当然，这不是统计的数据，只是我在工作中形成的一个印象。

总的来说，软件工程师这一行的天花板非常之高。如果你能在这一行乐此不疲地深耕，有天赋、有兴趣、有运气、肯努力，那么你很有可能成为行业里的高手。当然，如果你天赋异禀，成为行业大神也是有可能的。

软件行业最具发展潜力的领域有哪些

· 韩磊

从未来发展的角度看，软件行业有哪些独具发展潜力的领域呢？

要回答这个问题，我们首先要想想，软件是用来做什么的？答案是：用来让人类生活变得更美好的。软件行业要始终服务于人，要跟随整个社会的发展而发展。因此，想看清软件行业的发展趋势，我们就要从整个社会的发展趋势出发去看。

首先，社会发展趋于自动化和数字化。简单来说，就是人更少地从事机械劳动，而计算机更多地接管此类工作。这就带来了一个趋势：未来，我们日常生活、工业生产里的每个硬件之中，都可能有程序运行。

过去有段时间，软件主要应用于计算机，后来是手机，再往后极有可能是嵌入式平面，也就是我们能看到的各种硬件，比如家具、家电、汽车、手表、工业机器，等等。这样一来，跟智能硬件相关的软件会有广阔的发展前景。

其次，社会发展趋于智能化。相应地，人工智能类的软件也将增多。自动驾驶、人工智能、产业智能化这些新兴发展方向会需要大量的软件工程师。

最后，国家大力发展基础研究领域。随着时间的推移，我相信我国的基础软件，比如操作系统、物联网，以及基础工具类软件，比如设计软件等，都会朝着更加精细化的方向发展。那些被“卡脖子”的领域，亟需高精尖人才。

总而言之，软件工程师仍然是一个不断升温的朝阳行业，未来可期。其中，嵌入式软件、人工智能、基础软件这三个领域尤其值得关注。

人工智能时代，软件工程师会被替代吗

· 韩磊

2023年3月以来，以ChatGPT[1]为代表的人工智能技术飞速发展，不断进化出新的“超能力”，比如通过回答人的问题撰写学术论文、列出采访提纲、输出需求文档、编写程序代码，等等。甚至有人说，人类正在迎来“百年未有之大变局”“第四次工业革命”。而且ChatGPT还在进化中，每回答一次人类的问题，它的能力就会变得更强一点。各行各业的人不得不开始思考：我的工作会被AI（人工智能）替代吗？

在我看来，一方面，大家的担忧很有道理。因为包括软件工程师在内，现代社会相当多涉及创意、创作性质的职业都会受到人工智能的挑战。另一方面，我觉得大家也不必太过担心。因为如果从历史的视角来看我们就会知道，所有新技术，都是为了让人们更高效地生产某种东西。

1. 美国人工智能研究公司OpenAI研发的聊天机器人程序。

新技术不光淘汰了旧岗位，也创造了新岗位。比如，19世纪我们有了织布机，原来很多用手工织布的工人被淘汰，但更多使用机器织布的岗位诞生了。同样的道理，我觉得以ChatGPT为代表的人工智能给人类带来了更多参与创作的可能性。

为什么这么说？以前，很多创作工作，你不掌握基本技能就无法参与。拿画画来说，一个不会素描的人，你让他创作一幅打动人心的素描作品，这不太可能。尽管这个人极具艺术思维，头脑中也有相当绚丽的想象，他还是没办法将其转化为美术作品。但是现在，借助AI，他可以跳过基础技能的训练，让人工智能代为作画。实际上，作画所需的很多基础技能，比如使用笔刷的能力，除了少部分大师，大部分人都是机械式的操作。当这样的操作不再是门槛，很多天才就不会被挡在门外。

音乐领域也是如此。我听说有很棒的流行音乐作曲家根本不识谱，但他会把头脑里涌现的旋律哼唱出来，请别人记谱。现在有了AI，他不需要找任何人，AI可以连编曲一起帮他做完。

其实软件行业也一样。现在我们在应用商店下载的App，有很多只能实现某个简单功能，比如翻译、剪辑视频等。这些功能很多人都想到了，但是由于没有编程能力，他们写不出代码、做不出程序。而有了像 ChatGPT 这样的工具，普通人也可以让 AI 生成代码。这样一来，大量的想法就会变成代码工具，变成生产力。基于这样的思路，**我相信未来会是一个人类创作能力大爆发的时代。**

但它也带来了负面问题。**一批只提供简单功能的产品（或公司），以及一批只把目光聚焦于实现简单功能的软件工程师会面临巨大挑战。**因为他们仰赖的底层技术已经不再是门槛。

先从产品的角度来看。很多做单一功能应用的公司正在面临挑战。比如有一类叫 IFTTT（If This Then That）的服务，可以串联各个网站。具体来说，假设你在微博发了一个帖子，用 IFTTT 服务就可以复制帖子内容，同步发送到 Twitter（推特）。提供这种服务的公司未来应该很郁闷，因为普通人只要用自然语言把这样的需求告诉 ChatGPT，就可以获得代码。再比如有一类做知识图谱的公司，为客户提供基于知识库的梳理和检索服务，这样的产品也会受到挑战。因为目前已经出现了 ChatPDF 这样的产品——你只要把 PDF 扔进去，AI 就会替你总结，告诉你这个 PDF 讲的是什么。以后极有可能出现这样的服务——你问一个问题，AI 从特定资料里找出，甚至组合出最合适的答案。还比如，视频剪辑类产品也面临挑战。过去我们使用视频剪辑工具，还需要进行有一定难度的操作。但目前已经有人做出工具——你只需要用语言描述，它就可以生成并剪辑视频，短视频、长视频都能做。所以，除非是非常高级的剪辑工作，视频剪辑的门槛已经不复存在。

我还看到Unreal（一家做游戏引擎的公司）的一个视频。它可以用手机拍摄人的面部，生成非常逼真的3D表情模型。这是什么概念？既然面部表情可以生成，未来如果加上人的动作、背景、环境，是不是意味着我只要有好创意，创作出好剧本，就可以在家里用AI制作一部电影？

当然，不止上面列举的产品类型，社会上很多其他商业模式或服务模式都会受到AI的挑战。不过，既有生产方式遭遇挑战，并不代表生产产品或提供服务的公司一定会倒闭。这些公司也可以拥抱新时代，利用新技术提供更好的产品或服务。

看完了产品角度，我们切换到人的角度，看看软件工程师会受到什么影响。在我看来，那些只把目光聚焦于实现简单功能、机械性地写基础代码的软件工程师会面临巨大挑战。实际上，过去软件工程师一天的工作里，有相当一部分是机械性地写基础代码——复制工具库或网站上的代码片段，进行组合，加上自己的一部分能力，得到最终代码。像这样的工作以后没必要每个人都干一遍——极有可能AI会帮你实现。最近我试用了一个AI代码生成工具，发现当我把问题描述清楚以后，它生成的代码还是比较漂亮的。

既然写简单、基础代码的能力已经不再是软件工程师的门槛，那么门槛是什么呢？为了探索可能的答案，我们来看看目前AI还不能做什么。

第一，目前AI还不能一步到位地根据任意自然语言指令生成完美代码。虽然前面提到，普通人也有机会使用ChatGPT编程，但对大多数人来说，这件事仍然存在不小的挑战。例如，假设要做一个类似IFTTT的服务，软件工程师大概率比没有技术基础的人做得更快，因为他们指令下得更准。未来有竞争力的软件工程师，一定是可以用准确的指令和人工智能对话的人。

如何成为这样的人？关于这个问题，我看过一位叫倪爽的交互设计师发的帖子，很受启发。他把交互设计师分成了几个不同级别：

最差级别：可以做设计，但没什么想法，靠拼拼凑凑完成。

中间级别：有一定经验，知道怎么设计，但不明白为什么这样设计。

最优级别：既知道怎么设计，也知道为什么这样设计。

其中最优级别，也就是能说清楚"为什么"的交互设计师，不会被人工智能取代。

软件工程师也一样。若要向人工智能下达更准确的指令，软件工程师必须知道“为什么”。这就要求你对用户需求，以及软件工程、软件技术的底层思维有相当程度的了解。

第二，目前AI仍然无法自主处理复杂的问题集。换句话说，目前AI比较擅长回答“相对独立的问题”；面对“复杂的问题集”，它的回答会相对模糊。打个比方，我们向AI提问100个相对独立的问题，它可以逐个回答，但如果要求它把100个问题组合成比较有机的系统，目前还很难实现。这时候就需要软件工程师把复杂的问题集抽象、拆解为一个个功能模块，这叫架构工作。

架构工作目前还不太能被AI取代，这是因为它涉及具体问题领域里的相关经验和知识。假设你要架构一个有超大访问量的网站服务系统，尽管ChatGPT会给你操作步骤，但由于你面对的问题，或者你的环境不太一样——有的环境是潮涌式访问，有的环境是长期的高访问量等——判断和选择的工作还是要你自己来做。也就是说，未来有竞争力的软件工程师需要具备优秀的架构和决策能力。

第三，目前AI还无法生成以前不存在，或者无法用以前的手段组合而成的代码。举个例子，信息流这种展现形式目前已经不稀奇了，大家在短视频等平台上常常看到。但我们不妨想一想，第一次出现信息流概念的时候，你让谁去做？你让 AI 做，它也很难实现，因为它没有任何数据可以复用。

这件事对软件工程师的启示在于，一方面，我们要不断在实践中发现新问题，提出新想法；另一方面，我们要学会把 AI 作为伙伴，使用它、优化它、挖掘它的种种可能性。由于软件工程师本身从事跟计算机相关的工作，因此拥有得天独厚的条件与人工智能互动，来提出新想法、实现新连接、发现新机会。

如果说软件工程师以前是用手工纺织，那么现在我们面对的是水力驱动的纺织机，甚至电力驱动的纺织机。未来已来，所有软件工程师都得学会使用新一代的“纺织机”。

到这里，你已经完成了“行业地图”章节的阅读。

借助 4 种视角，以及各位行业高手的分享，相信你已经勾勒出了软件工程师的基本轮廓。这个职业在你脑海中的形象是不是更立体、更鲜活了一些呢？

如果你需要休息一下，不妨在这里歇歇脚。喝口水，我们再出发。

CHAPTER 2

第二章 新手上路

欢迎你来到本书的第二章：新手上路。

进入这一章，意味着你正式踏上了软件工程师的成长之旅。接下来，请你代入“新手”角色——从高中到大学，从入行前到入行后，把一路上可能遇到的关键问题逐个演练一遍。如果你是打算转行的朋友，可以跳过“高中阶段”，以及“大学阶段”你不感兴趣的部分。

“新手上路”这一章为你准备的演练路线如下：

高中阶段，你梦想成为一名软件工程师，那么最理想的实现路径，是考入一所大学的计算机相关专业。这个时候，你会面临高中选科的问题。这个问题对你来说非常重要，因为一旦选错，你可能会失去选择对口专业的资格。你还会面临树立目标的问题，比如，把哪些高校、哪些专业设置为自己的高考目标？这些问题，会有专家建议供你参考。

大学阶段，你开始学习计算机相关的专业。比起高中，学习节奏没那么紧张了，你拥有了更多可以自主支配的时间。那么，如何最大化地利用这些时间？大学期间必须掌握的知识有哪些？课堂上不教但很重要的知识又有哪些？你可以通过哪些渠道获得？这些只有过来人才有解法的问题，会有行业前辈为你解答。

临近毕业，你要开始找人生中第一份正式工作了，这不是一件简单的事。你要考虑的问题有很多，比如，去哪座城市，选什么公司，投什么岗位，怎么准备简历，怎么通过面试……面对这些问题，你可能会非常焦虑。但是没关系，有行业高手陪你一起通关。他们会把自己的经验和盘托出，让你的内心少一点慌乱，多一些信心。

入行之后，你以为终于可以安定下来好好享受生活了，但其实，真正的考验才刚刚开始。工作层面，你像一张白纸，不知从何做起；人际层面，你身边不再有熟悉的同学，谁也不认识；生活层面，你加班多，压力大，要学习的东西越来越多。你可能会感到分身乏术、手足无措。别担心，这个阶段依然有行业前辈帮忙指路，为你分享他们亲测有效的建议。

“新手上路”章节的内容多、信息量大，但好在其中的宝藏也不少。话不多说，马上出发。

◎入行前的准备

高中阶段，需要特别注意哪些问题

软件工程师这个职业有多热门，已经不用多说了。每一年，我国光是从“计算机科学与技术”这个专业毕业的大学生就超过 10 万人，位列所有专业的第一位。即便竞争激烈，这些学生的就业情况依然很理想。这一方面是因为，软件工程师是互联网行业的刚需；另一方面是因为，不光互联网行业，各行各业都在进行数字化转型，都需要软件工程师的加入。

很多同学看到什么专业火就跟风报什么，实际上，**高中生选择专业或职业的标准，不应该是它火不火，也不应该是它赚钱多不多，而应该是自己适不适合。**

那么，怎么判断你适不适合软件工程师这个职业呢？给你介绍一套方法——

第一步，登录学职平台[1]做一次职业测评，看看你对什么类型的职业感兴趣。这些测评包括“大五人格测试”“职业兴趣测评”等，编制者是来自北京大学、北京师范大学、南京师范大学等高校的心理和职业生涯规划专家，你可以放心使用，把测评结果作为认识自己的一个参考。

第二步，如果想进一步知道，自己适不适合做软件工程师，你还可以从以下 4 个维度进行自我评估：

首先，软件工程师需要很强的逻辑能力，如果你的思路清不清晰，会对工作水平产生决定性影响。

其次，软件工程师需要比较强的数理能力，尤其是数学；想在这一行做得好，数学水平不能太差。

再次，软件工程师写代码要用英文，查资料也要用英文，所以英语不能太差。

最后，软件工程师需要极强的自律能力和自学能力，这一行发展太快，没有人可以靠在学校学的知识走完整个职业生涯，你得有终身学习的意愿和能力。

通过上面这些方法，你可以了解自己的兴趣在哪里，当

---

1. 教育部指导建立，面向大学生群体的学业与职业发展平台。详见：https://xz.chsi.com.cn/survey/index.action。

前能力是否匹配。你既可以把评估结果作为认识自己、选择职业的参考，也可以把它们作为不断提升自己能力的基准——如果你有志于成为一名软件工程师，高中期间就要对数学和英语这两门课程上点心了。

如果你确定自己的兴趣、能力跟软件工程师这个职业相匹配，第二个要注意的问题是选科。

我们知道，截至2022年，全国34个省级行政区里已经有29个启动了新高考改革。改革以前，高中生按文理分科；改革以后，高中生要按照“3+3”或者“3+2+1”的方案进行选科。

改革以前，你只有两种选择，要么选文科（政治+历史+地理），要么选理科（物理+化学+生物）。改革以后，你的选择变多了，如果按“3+2+1的模式”，就有12种组合可供你选择（见表2-1）。

表2-1　新高考选科的12种组合

2选1	物理	历史
4选1	化学、生物、地理、政治	
6种组合	物理+化学+生物	历史+化学+生物
	物理+化学+地理	历史+化学+地理
	物理+化学+政治	历史+化学+政治
	物理+生物+地理	历史+生物+政治
	物理+生物+政治	历史+生物+地理
	物理+地理+政治	历史+政治+地理

不管选择哪个组合，根据新高考政策，如果你要报考计算机类专业，**物理就是必选学科。**如果不选物理，你在高考后将不能申请任何计算机类专业，所以一定要注意这一点。此外，少数学校的计算机类专业对化学也有要求，具体情况以报志愿当年的高校招生要求为准。

解决了高中选科问题，你要注意的**第三个问题是，如何选专业，如何选大学。**

和软件工程师这个职业最对口的专业是计算机类专业。此外，本科学数学等基础学科，研究生学计算机类专业的背景也很受用人单位欢迎。这里我们仅以本科学计算机类专业为例进行分析。翻开本科专业目录，你会看到计算机是个大类，其中包括计算机科学与技术、软件工程、网络工程、信息安全等18个细分专业（见表2-2）。其中，最核心、最基础的专业是计算机科学与技术专业，它也是各院校计算机系招生的主要专业。

表2-2　计算机类细分专业一览

专业类	专业名称	学位授予门类
计算机	计算机科学与技术	理学、工学
	软件工程	工学
	网络工程	工学
	信息安全	管理学、理学、工学
	物联网工程	工学
	数字媒体技术	工学

续表

专业类	专业名称	学位授予门类
计算机	智能科学与技术	理学、工学
	空间信息与数字技术	工学
	电子与计算机工程	工学
	数据科学与大数据技术	理学、工学
	网络空间安全	工学
	新媒体技术	工学
	电影制作	工学
	保密技术	工学
	服务科学与工程	工学
	虚拟现实技术	工学
	区块链工程	工学
	密码科学与技术	工学

需要注意的是，各个高校的培养方向和优势有很大的不同。它们有的侧重于软件，有的侧重于硬件，有的侧重于计算机网络，有的侧重于信息安全……所以，考虑院校的时候，你可以先了解计算机类专业的特色和方向，选择符合自身情况的学校。

不过，现在很多院校都是按计算机大类招生，你也可以在进校后，先积累对具体专业的了解，再做选择。

哪些院校的计算机类专业是比较突出的呢？

首先，大家熟知的一些重点高校，比如北京大学、清华大学、浙江大学、国防科技大学、北京航空航天大学、北京邮电大学、哈尔滨工业大学等，其计算机类专业都是十分值得报考的，它们在全国计算机专业大学排名中至少属于A类了院校，其中前四所为A+类院校。

其次，如果感觉考取上述院校比较困难，那么一些邮电部直属高校或原电子工业部直属高校也是非常不错的选择。比如，南京邮电大学、西安邮电大学、重庆邮电大学、电子科技大学、杭州电子科技大学、桂林电子科技大学等。虽然有些属于双非院校，但因为背景比较特殊，所以也有较大的报考价值。

当然，如果结合地域因素考虑，互联网产业发达地区的高校相对也会有一定的优势，如北京、上海、广州、深圳、杭州等地的高校。[1]

希望以上信息可以帮助你为自己的未来探探路。当然，你还是要根据自身情况，从多个方面综合考虑，毕竟适合自己的才是最好的。

告别高中阶段，来到大学校园。你的身份从高中生变成了大学生。

你会发现，大学里没有了天天给你安排学习任务的老师，

1. 张雪峰：《这类专业被称为“金饭碗”和“高薪敲门砖”，但填报时也要注意！》，https://zhuanlan.zhihu.com/p/377684845，2022年12月11日访问。

学习主要靠自己。大学里也没有了和你目标一致的高中同学，你的大学同学，每个人都有自己的生活——有人天天去泡图书馆，有人吃吃喝喝谈恋爱，也有人在学生会、社团忙得团团转。

你突然感到一阵迷茫：自己终于拥有了可以自由支配的时间，却不知道该怎么用。别怕，这其实是所有大学新生都会遇到的挑战：如何度过有意义的大学时光，让自己不后悔？

这个问题很重要，但答案因人而异，学校一般也不教。如果你的想法是在大学期间就为步入职场做好准备，接下来这些来自前辈建议，请好好阅读。

大学阶段，如何为步入职场做好准备

基础：用好读书期间的宝贵时光

· 韩磊

很多身在职场的人都有个强烈的愿望：希望时光倒流，有机会重回校园。之所以这么想，有个重要的原因，就是他们觉得自己在校期间没能打好基础，没有形成应对复杂挑战的核心竞争力。但是很遗憾，这样“回炉再造”的机会在步入职场之后近乎消失，错过就是错过了。

所以，对没有真正踏入职场的大学生来说，你最大的资本就是有足够多的时间，能够沉下心来学习基础知识。如果你是计算机相关专业的学生，请学好所有专业基础课程。比如计算机原理、数据结构、算法、编程语言、操作系统，等等。

也许你听学长学姐说，大学里教的知识，真正工作起来根本用不上。这是一个深深的误解。确实，在编程比较靠前的部分，也就是新手接触最多的应用层，很多知识暂时用不上。但这并不代表基础知识没有用。恰恰相反，基础扎不扎实，决定了你的职业天花板。这是因为：

其一，基础知识会让你的逻辑思维得到很好的训练，会对你产生长远的影响。

其二，如果你扎实地学习了基础知识，早晚用得到。不但用得到，随着工作面对的技术领域愈加精深，面临的挑战日渐复杂，你会遗憾当时为什么没有深入学习，会觉得书到用时方恨少。

比如大学里讲的TCP/IP协议，看起来是一个跟实际工作没什么关系的知识。但是当你在工作中调用服务器上的数据包，发现数据无法正确传输时，就跟TCP/IP协议有关了。如果你很了解这个知识点，你发现问题的能力会比别人强很多。

其三，基础知识虽然不能让你马上实现一个功能、写出一个应用，但能够提升你未来学习新技术的速度。

计算机类专业的大学课程不是随便设置的，而是有科学的安排。它们会帮助你弄懂为什么，而不是仅仅知道怎么办。在未来的工作中，你如果只知其然而不知其所以然，再往上提升就会很困难。所以，在有资本打基础的时候，认真学习它们吧，不要混日子。

除此之外，对于大学期间的学习我还有两个建议。

第一，建议你在某一个或某几个专业技术领域往下深钻一点点。比如，你对手机应用程序的编程很感兴趣，那么可以花多一点时间去研究安卓编程或者 iOS 编程，甚至参加或创建一个开源项目。

一旦你在某个感兴趣的领域有所钻研，未来找工作的时候，面试官就会认为你在某一方面的专业储备比较多，并因此为你加分。这种“深钻一点点”的优势很容易打动他们，对个人发展来说也是非常必要的。

第二，建议你除了计算机知识外，如果有余力，还可以多学习跨领域知识。你知道得越多，未来求职获得的机会就越多。

比如某本讲知识服务行业的书，看起来好像跟计算机没什么关系。但是如果你读过它，了解这个行业的发展历程、服务模式等，将来从事这一行的开发工作，你对业务的理解就会比别人深得多。

再比如文史哲方面的著作，看起来跟计算机也毫无关系，但是它们会让你在为人处世方面更有优势。很多在校生觉得把技术学懂就行，至于和人相处的方法、文化上的知识，不了解也无所谓。其实不是这样。软件工程师这个职业最终要跟人打交道、跟社会打交道，越到后期考验的越是你的综合素质，而不仅仅是专业能力。

以上是我给计算机相关专业大学生的三个建议。如果按重要程度排序，那么是：把基础打牢＞选择某一个或某几个专业领域深钻＞涉猎跨领域知识。希望对你有帮助。

有一项加分技能，虽然没有展开讲，但所有受访老师都不约而同地提到了它，那就是**英语读写能力**。水平高的软件工程师，往往英语读写能力很棒。因为在这一行，大量的一手技术资料都是英文的，国际开发者社区也以英文为通用语言交流。所以，英语水平越高，你越能最大程度、以最快速度汲取这一行的精华知识。越早练习，越早受益。

实践：尽早接触真实的软件世界

· 韩磊

很多计算机相关专业的学生面临的问题，不是学校里教的东西用不到，而是另外一些用得到的知识，学校里没有提供，那就是跟实践相关的知识。

比如，软件开发过程中会遇到哪些真实的挑战？一个开发团队里都有哪些人？他们之间是如何协同的？……这些东西学校不教，面试官却很看重。如果一个应届生参与过软件世界里真实发生的事情，就意味着他从学生转变到职场人的速度比其他人快，这样的人自然更受用人单位欢迎。

如果你是一个在校大学生，一定要意识到一点：你在大学时代就可以参与真实的软件开发了，不是必须等到毕业之后才能接触。**越早参与实践，你对计算机和软件的理解就越深，你的竞争力就越强。**

那么问题来了，大学生如何参与实践呢？

最容易想到的办法是主动寻找实习机会。你可以跟已经毕业的学长、学姐多多交流，抓住他们手里内推实习的机会；你也可以到 BOSS 直聘、拉勾、猎聘、前程无忧等各大招聘网站搜索实习岗位，投递简历，主动寻求实习机会。通过实习，你会拥有解决真实问题的体感，也会知道如何跟其他人配合完成一项任务。

还有一个办法是尝试自己做点东西。你可以参加学校组织的技术比赛，最终有一个产出。你也可以尝试在 GitHub 上创建一个开源[1]项目。如果有机会，你还可以尝试跟企业合作，做个小产品。我自己在大学期间做过一个行业软件，获得了一些用户，还赚到了钱。那种成就感和获得感会推动你去追求更强的能力，解决更难的问题。

---

1. 开源的全称为开放源代码，简单来说是指源代码公开且可以自由传播的软件。

除此之外，还有一个极好的学习方法被很多人忽略了，那就是去各大技术社区参与问答。由于整个行业相对开放透明、乐于交流，大学生不一定非得找一份工作才能参与实践，在网上参与问答也可以。

很多同学可能觉得，我没遇到什么问题，不愿意参与。这种态度不可取。因为重要的不是你有没有问题，而是去看别人提了什么问题。

技术社区里的问题，往往是一线软件工程师在实际工作中遇到的真实问题，比如编程相关的问题、调试出错的问题、环境安装的问题，等等。他们在工作中遇到了，才会提出来。

这些问题，很可能你以后参加工作了也会遇到。如果你这时花时间研究，然后回答别人，这个解决问题的过程不就是参与实践的过程吗？

别浪费这样便捷的实践机会。国内有很多技术论坛，比如 CSDN、SegmentFault（思否），推荐你多看看。

回答问题之后，我还建议你尝试写写技术心得。不是写步骤，而是写思路。我看过很多文章只写步骤，不写思路。比方说解决了一个 Linux 的安装问题，作者只是把具体操作步骤写了下来，这就不划算了。最好的总结是写下安装过程中遇到了什么问题，当时想到了什么，做了什么操作，为什么能解决。这样以后遇到类似问题，你就可以用已有的思路去验证。久而久之，你就会形成一套属于自己的问题解决方案库。

最后分享一个小故事。有位音乐家被邀请去卡耐基音乐厅演奏。我们知道，卡耐基音乐厅是一个殿堂级音乐厅。但是这位音乐家迷了路，怎么都找不到地方，于是他带着乐器问路边的老人："我怎么去卡耐基音乐厅呢？"这位老人看了看他，回答说："你需要练习，大量的练习。"

这虽然是一个笑话，但很有道理。音乐家只有大量练习才能获得去卡耐基音乐厅的资格，软件工程师也一样——不光是学生阶段，在整个职业生涯中，软件工程师除了要学习理论知识，还必须持续实践，在实践中练习，在练习中提高，如此循环往复，才能获得成长，成为更好的软件工程师。

临近毕业季，秋招、春招接踵而来。学校官网的消息栏、食堂门口的公告栏上发布着一批又一批企业宣讲信息。一个问题摆在你面前：如何选择人生中第一份正式工作？

这可能是继填报高考志愿之后，你要做出的另一个重大抉择。有意思的是，大家都知道第一份工作重要，可到了真正抉择的时刻，很多人还是很迷茫。

6 年小学、3 年初中、3 年高中、4 年大学，每个人至少辛辛苦苦学了16年，做选择却只在一瞬间。怎么在经过充分考量后选出一份的靠谱工作，让自己的选择配得上多年的努力呢？

我们一起看看前辈们有什么好建议。

如何考量城市、平台、岗位，寻找合适的工作

调研：三个角度，考量意向工作

· 韩磊

我们读大学的时候，往往对未来的工作有很多理想化的想象。比如，现在学计算机的学生，可能一大部分都希望毕业后去北上广深，去腾讯、阿里巴巴、字节跳动等大厂，做自己喜欢的工作，拿令人满意的薪水。但其实，一个人最终去哪座城市、入职哪个单位、从事什么工作，不完全以主观意志为转移，你的选择必然会受各种客观条件限制，也必然包含大量运气的成分。

也就是说，**软件工程师的工作，尤其是第一份工作，大概率不是选出来的，而是碰出来的。**比如，某家企业刚好去你们学校开了一场招聘会，你的学长正好在某家公司帮你做了内推，你和你的恋人计划去某座城市发展，你希望工作地点离家近一些，你意外通过了某家公司的面试……这些因素夹杂在一起，决定了你意向工作的范围。而到这个时候，你的

选项往往已经没有那么多了。

假设你有三五个意向工作，怎么判断它们靠不靠谱，或者说怎么选出最靠谱的那一个呢？我的建议是，你可以从城市、平台和岗位三个角度来考量。

首先看城市。务实地说，目前一线、次一线城市 IT 企业最为集中，给软件工程师的机会也更多。金融学者香帅曾经对国内活跃在全球各大交易所的 278 家 IT 服务上市公司的地理分布情况做了分析，结果如图 2-1 所示：

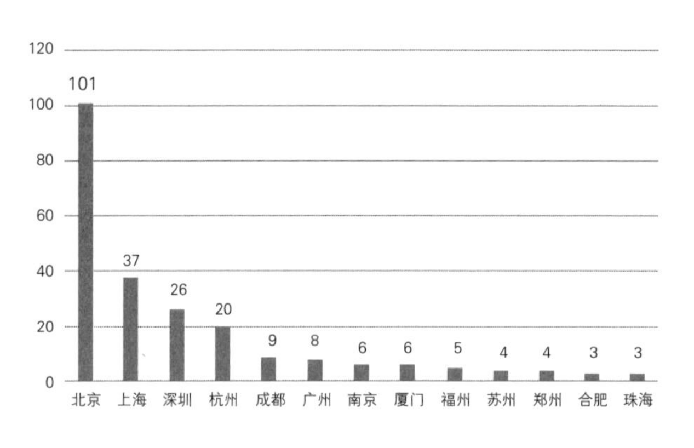

图 2-1　国内各城市 IT 服务上市公司的数量

很明显，一线和次一线城市，有着软件工程师难以割舍的巨大工作机会。

但也不能一概而论。近年来，随着国家的发展，大量产业工人回流到各个省会城市及更下面的城市，这说明这些城市的实体经济在发展。随着实体经济的发展，计算机产业一定会紧跟着发展起来，服务于实体经济。我们公司已经在一些偏远地区建立了分公司，这些地区对信息服务的需求很高。论收入，小地方的薪资比不了北京，但在当地绝对算高工资。

无论你的意向城市是哪里，在决定要不要去之前，我都建议你仔细阅读当地每年发布的《政府工作报告》，重点关注这座城市 IT 相关行业的经济指标。比如，IT 行业经济总量在该城市 GDP（国内生产总值）的占比，每年的增长速度，具体行业的集中度，以及政府在这一块儿的未来规划。举个例子，游戏类行业在广州非常集中，有数以千计的公司。如果你对游戏开发感兴趣，广州可能是一个相对较好的选择。

再来看平台。去事业单位还是去企业，也是一个重大选择。

很多父母希望孩子考公务员，其实考公务员也有机会做软件开发的工作，这一点很多人没太注意到。比如，如果你是计算机专业毕业的，那么你可以报考海关、国税、中央办公厅、档案局、网信办等单位，还可以报考监狱、法院、公安、检察院等单位。而且，如果你以后的工作是公务员，掌握像软件开发这样一门别人没有的专业技能，是一个莫大的优势。

除了做公务员，绝大多数软件工程师还是在企业里工作。

如果你有了几家意向企业，我建议你提前通过公开资料对它们做一番考察，发起所谓的“反向背调”。

第一，重点关注企业的注册资本、社保缴纳情况（根据法律规定，这些信息是无法隐瞒的），以防遭遇名不副实的皮包公司。第二，如果是上市企业，去看看它的财报，关注它的主营业务。比如一家软件领域的上市企业，你可以看它的主营业务到底有没有聚焦在软件上。第三，查一下企业的诉讼情况，尤其是劳动仲裁相关的诉讼。如果这家企业有大量的劳资纠纷，你要提高警惕，有可能它对雇员不是很好，你进去之后也可能会受到不公正待遇。第四，关注跟企业有关的媒体报道，看看有没有严重的负面报道。第五，请教有经验的学长、学姐，他们很可能会给你详细、中肯的建议。

为什么要强调对企业进行考察呢？因为我们很多人，尤其是年轻人，总觉得自己未来还有很多时间。但实际上每个人的时间都非常有限，不过百年。如果我们在一家不值得的单位浪费时间，对未来成长就会非常不利。因此，选择企业要慎重。

最后看具体岗位。很多人看到软件工程师这一行有那么多细分岗位，会觉得自己有非常多可选项。其实对新手来说，选择没有那么多。比如说架构师，前面讲过，这个岗位要把技术的演进、需求的变化、系统的发展等多个维度综合起来考虑，刚毕业的人不太可能胜任。所以，只有具备了丰富的经验后，你才有可能探索架构方面的工作。

新手入行，能选择的通常是以编码工作为主的岗位，比如前端工程师、后端工程师、测试工程师等。这个时候重要的不是选择做什么，而是看具体岗位的招聘要求和你的能力是否匹配。

比如，某公司需要一个 Go 语言开发人员，那么就需要你的 Go 语言很好；某份工作的开发是基于微信小程序进行的，那么就需要你具备前端开发能力，你对 JavaScript 也要很了解；某份工作是开发跟传感器相关的工业软件，那么就需要你具备一些相对底层的能力，如对 C++ 的掌握，甚至嵌入式开发的能力；某份工作聚焦于游戏软件的开发，那么就需要你具备 3D 开发的能力……这种前期调研工作，很多应聘者做得不太够。

每一种软件，每一份工作，对软件工程师的能力要求都不一样。**每个新人唯一可靠的抓手，就是自己的能力。**刚入行的时候，与其看哪个单位、哪个岗位你更想去，不如先看这个岗位的要求跟你当前的能力是否匹配。

我曾经看过一个很有意思的帖子，发帖人是国内一位有名的开发者——开源项目 Apache SkyWalking 的作者吴晟。他大概表达的意思是，现在不少面试官喜欢考一些看起来“高精尖”的问题，但在软件工程师的实际工作中根本用不到。对此，吴晟是这样说的：我一直通不过技术面试，直至有一天，我再也不需要接受技术面试。

我想点明的是，在软件工程师这一行，技术能力最终决定了你有多少选择。而这项能力在短时间内难以大幅度提升。所以，对新人来说，最靠谱的做法是先综合城市、平台、岗位三个角度，选择一份相对合适的工作。先入行，再提升。

看过韩磊老师的介绍，相信你已经掌握了考量城市、平台和岗位的基本思路。看过方法之后，你可能觉得还不过瘾。接下来，我们再看一个真实案例，看看在具体的选择情境之中，郄小虎老师是怎么考量的。

聚焦：去面向未来、技术驱动的公司

· 郄小虎

我当年从普林斯顿大学毕业时，摆在我面前的选择有两个。

一个选择是去传统的研究所做研究员，比如微软、英特尔、IBM、贝尔实验室，它们都有全世界最牛的研究所。当时面试我的都是业界非常有声望的人物，比如UNIX 系统的贡献者之一布莱恩·柯林汉等，我在大学使用的教材有很多都是他们编写的。

另一个选择是去我师兄辍学加入的一家名不见经传的小创业公司。这家公司里全都是年轻人，他们正试图把全世界的网站扒下来，把大家想看到的信息全部送到大家面前。

我当时做了一个比较：前者稳定、光鲜，我还能跟那么多业界传奇共同工作，但是，他们显得没什么激情、暮气沉沉；后者默默无闻，可每个年轻人的眼里都透着光，而且他们要做的是一个从来没有人实现过的、有着巨大需求、开创新未来的事业。

这样一想，我毫不犹豫地选择了后者。后面的故事很多人可能都知道，几年之后这家公司成长为全球最大的搜索引擎公司，从名不见经传变成了与微软等比肩的超级航母——它就是谷歌。

计算机与互联网的发展都太快了，如果要选择，一定优先选走在未来航道上的那些快速发展的公司。因为高速成长的公司正需要人才，它需要解决的问题是新的，你会跟着公司一起去解决这些问题，你的能力也会越来越强。脸书首席运营官桑德伯格曾说，**当你遇到火箭般上升的公司，不要管舱位，先坐上去。**

当年谷歌吸引我的，除了它的业务，更重要的是，它是一家技术驱动的公司，软件工程师是公司里最重要的人，有最大的话语权。公司相信软件工程师，并通过创造自由宽松的环境、高效协同的文化以及相应的培养机制助力软件工程师成长。正因如此，谷歌源源不断地培养出了大量优秀的技术人才。

如果你也遇到了对技术和软件工程师非常重视的公司，一定要想办法先进去。

毕业日期越来越近，经过一番考量之后，你筛选出了几个意向岗位。接下来，就要准备投递简历、参加笔试和面试了。请注意，你即将面对的，是一个竞争极其激烈的求职市场。2020 年，前程无忧发布的一份报告显示，在所有行业中，计算机软件行业以 21∶1 的投递比位居首位，显著高于 12∶1 的平均水平。[1] 这种情况下，怎样才能在众多求职者中脱颖而出呢？

1. 时刻头条：《前程无忧 1-11 月企业用人报告，计算机软件业就业竞争压力最大》，https://baijiahao.baidu.com/s?id=1684762349728141353&wfr=spider&for=pc，2022 年 12 月 20 日访问。

如何准备简历、笔试、面试，成为受欢迎的应聘者

· 韩磊

说到新人如何投简历，准备笔试和面试这个问题，其实有很多细节可以讲，但我认为所有细节总结起来就是一句话：打造靠谱人设。这种人设的打造，并不要求你隐瞒什么，刻意编造什么。恰恰相反，打造人设的要义是真诚。它的真正作用在于，把你最靠谱、企业最希望看到的一面展现出来。这既是在帮助自己，也是在帮招聘者一眼识别出你。

具体怎么做呢？我们下面分简历、笔试和面试三个环节来看。

先来看简历。拿到简历的那一刻，我关注的最基本的一点，就是这份简历够不够干净整洁，尤其是有没有错别字和标点符号错误。我看过很多简历，连编程语言的大小写都写错。这反映出对方不是一个认真严谨的人。而软件工程师是一份容错率极低的工作，一旦出现这样的错误，印象分会直

接被扣掉。

除了不要出现低级错误，简历中也不宜使用太多字体和颜色，不宜用看不清的小字和斜体字。**建议新人投递简历前多检查几遍，用简历树立自己认真严谨的形象。**

其次，对于新人或者还没入行的人，我会特别留意他“会什么”的那段表述。比如，我会看对方是不是为了得到这份工作而写了很多“精通”。很多新人在简历里写“精通 Java”。我在这一行干了 20 年，都不敢说对 Java 达到了精通的程度。有些技术，新手不太可能精通。当然，不排除有特殊情况。如果你写了“精通”，就要准备好接受来自面试官的追问和挑战。

对于绝大多数新手来说，你可以写自己“了解”什么，“掌握”什么，突出一两个点，比如“掌握 IDE（集成开发环境）”“了解某种语言”。只有基于实际情况客观地评价自己，才能给对方留下真诚可靠的好印象。

再次，在可不可靠这一点上，我还有一个判断方法。如果求职者是入行 3 ～ 5 年的新人，我会特别关注他待过几家公司。**频繁跳槽是招聘者都不喜欢的。**第一份工作乃至第二份工作不合适而选择跳槽都可以理解，但如果到了第三、第四、第五份工作还在接连跳来跳去，我就会提高警惕。

假如求职者换公司是因为上家公司破产了，这没办法。但不能说每次跳槽都是因为公司破产。同理，类似的理由还有“我在那家公司没有发展”“公司发生了一些结构性的变化”“公司提供的薪酬我不满意”，这样的事不太可能短时间内接二连三被同一个人遇到，这是个概率问题。

我在意的不是求职者某一次的职业选择，而是连续多次选择背后的原因。如果对方以前不稳定，到我们公司大概率也不稳定。

公司为什么不愿意雇用不稳定的人呢？因为每家公司都有长期发展计划，岗位配比也有稳定的规划。而软件工程师是一个高度依赖个人智慧和技能的职业，人员流失会给工作带来很大的阻碍。所以，我建议新人在入行初期注重对自己稳定性、可靠性人设的打造，这样你的简历才更有可能受到青睐。

最后，求职者的专业能力和实践经历，招聘方当然也会重点关注。其中学历是绕不开的，“985”“211”高校毕业占优势，这是事实，但不是决定性因素。我个人还会特别关注求职者的实践经历，我会看他在实践中做了什么、想了什么，这些经历跟他应聘的岗位有什么关系。

很多求职者的简历只有一个版本，拿一份简历投所有岗位，这种做法会大大降低简历通过率。如果你对某个岗位非常感兴趣，我建议你仔细研究岗位要求，然后思考一下自己的专业能力、实践经历中有哪些是跟这份工作刚好匹配的，在简历中重点强调它们。

你在简历中写下的每一个字、每一个标点，都不是为了填满一份模板，而是有其目的。从打造人设的角度看，你的表述越准确，你强调的信息跟招聘方的需求越匹配，就越能反映出你是一个目标清晰的人。建议你把准备简历当成为自己打造人设的一个机会，用认真严谨、真诚可靠、目标清晰的形象打动招聘方。

如果说简历的作用只是建立初步印象，那么笔试就是真刀真枪的考验了。对软件工程师来说，找工作几乎都绕不开笔试。笔试形式分两种，一种是技术问答，一种是上机考试，其主要目的只有一个：考察你的专业技术能力是否过关。

笔试阶段，我建议新人从以下两个方面展现自己。

第一，遵循规范，保持熟练。笔试过程中，首先，我会关注新手使用 IDE 的熟练程度，因为这是他未来工作的基本界面。其次，我会关注他有没有良好的编程习惯，比如有没有做完整的单元测试、函数名称规不规范等。也就是说，我看的不单是结果，还有过程和细节，这些往往能体现一个人的专业素养。

第二，逻辑清晰，考虑周全。除了看比较初级的规范，我还会看应聘者解决问题的思路，看看他的逻辑思维能力。比如下面这道题：

```
void f(int &a,int &b){a=a+b;b=a-b;a=a-b;}
```

考题会问：请问这个操作的目的是什么？其中的风险是什么？答案我们在这里不做展开。需要注意的是，这道题考察的其实是一个人的逻辑思维能力和全面思考的能力。这道题来自我司真实笔试题库。

对软件工程师这一行稍微有所了解的人会知道，很多公司，尤其是大厂的笔试都有题库。公共领域也有个名为LeetCode的网站，收集了大量笔试题，以分级刷题方式提供。

对于刚入行的新手，我建议你该刷题就要刷题。但是，千万不要为了通过笔试去机械地背题。因为就算靠背题通过了笔试，进入公司之后，你立刻开始编程，专业能力有就是有，没有就是没有，这件事没法糊弄。

重要的是，你要在刷题过程中理解这道题为什么这样设计，它考察的是什么，遇到类似的问题该怎么解决。比如，有道题目是关于设计模式的，你当然可以只把20多种设计模式背下来；但它们各自有什么优势，分别用在什么场合，就不能靠背了，需要你深入琢磨、好好研究，而这对你未来的发展会很有帮助。这样刷下来，你能够解决的不是 1 道题，而是 100 道题。

面试环节同样是你打造人设的重要机会。

一般来说，一场面试会在半小时到一小时之内结束。这么短的时间，面试官不可能全面透彻地了解一个人，他们通常只能根据简历内容，以及一些特别关注的点去提问。

接下来我会跟你聊聊，我个人面试新手会关注哪些方面的内容。这或许可以帮助你了解面试官的内心活动，为你打造自己的人设提供一点启发。

首先，我会根据求职者写在简历上的内容提问，看到什么问什么。

举个例子。如果求职者在简历上写了“精通 C++”，那么我可能会问：C++ 最后一次标准制定是怎么回事？你是怎么看的？如果一个人说自己精通 C++，但对它的国际标准都不了解，那就有很大的问题。即使是新人，也起码得知道有这么一回事。

如果求职者在简历上写了某个项目经历，那么我可能会问：在这个项目里，你主要做了哪些工作？你跟团队是怎么合作的？你在这个项目里收获了哪些能力上的增长？如果重新来过，有哪些可以提升的地方？有时候我会突然问几个细节问题，比如：你上家公司用 Git 做源代码管理工具，你觉得需要注意的问题有哪些？

如果求职者在简历上写了一些兴趣爱好，比如“喜欢阅读”，我可能会问：你爱读什么书？不管是散文、名人传记、玄幻小说，还是其他类型的书，我们都可以多聊几本。再比如，求职者在简历上写“喜欢音乐”，那么我可能会问：你喜欢什么音乐？如果是古典音乐，是喜欢听莫扎特还是舒伯特，或者其他哪位音乐家的作品？

上述提问过程中，我的第一个关注点在于，求职者有没有撒谎，是不是简历写得很漂亮，实际上经不起细问。第二个关注点在于，求职者做项目，究竟是仅仅按指示完成任务，还是有自己的判断、复盘和思考。第三个关注点在于，求职者的思维边界和审美边界。这三点反映了一个人的自我要求和目标，会决定一个人未来发展的上限。

你看，面试官接连发问，有时候在意的不仅仅是答案本身，还有求职者的成长边界在哪里。

基于此，我建议新人：第一，保持真诚，别撒谎。第二，充分准备，确保面试官问起简历上的任何一个细节，你都能从容应对。第三，多聊思考，让面试官觉得你是一个有成长潜力的人。

在提问过程中，有的问题可能会让你觉得被刁难了。别慌，这些问题答得上来最好，答不上来也没关系。通常来说，面试官看的不仅是答案本身，还有你的反应。

我见过有的求职者遇到比较有挑战性的问题，马上激烈反抗，无法接受其他视角的新信息。我还见过有的应聘求职者不善于倾听，不管问题是什么，他都只顾把准备好的“台词”一股脑说完，全程沉浸在自己的世界里。这样的人未来协作起来会很成问题。

我建议新人面试时，无论遇到什么问题，都要善于倾听、开放包容。有时候，承认自己现阶段存在不足并不丢人。把自我放小，把成长意愿、合作意愿放大，更有可能打动面试官。

其次，我会问一些开放性的问题，考察求职者平时通过哪些方式持续学习。比如，有没有参与过技术社区里的讨论？有没有在 GitHub 上参与或创建过某个项目？有没有写过技术总结类的文章？平时看什么专业书？

我们这一行，即使是科班出身，学校里的知识也远不足以支撑一个人走得足够远，持续学习必不可少。假如求职者告诉我，他在 Stack Overflow 上回答了 100 个问题，这些问题都是他看到别人提问，然后自己研究并把相关知识掌握后回答的，那么即使他不是“985”“211”高校毕业的，也会给我留下深刻的印象。因为这代表他具有极强的自学能力。

最后，我会问一个大部分面试者都会问的问题：你有什么想问的吗？很多求职者会回答：没有问题。这就浪费了一个展现自己的好机会。这个问题表面上是请求职者向面试官提问，实际上是对求职者的考验。

假如求职者提前对这家公司、目标岗位做过一番考察，并且有很强的入职意愿，那么他会问出一些跟未来工作相关的问题，比如：如果面试通过，我要加入的团队有多少人？他们的分工是怎样的？我通过公开资料了解过公司、岗位的基本信息，想进一步了解一下我要从事的技术岗位和具体业务有哪些结合点？

以上问题都表明求职者很用心，并且已经开始代入角色了。这是面试官最想看到的。所以，不要错过这个展现自己的好机会。

总的来说，从投简历、笔试到面试，每个环节以及每个环节中的每个细节，都是新人打造靠谱人设的宝贵机会。据我观察，大部分求职者都没有意识到这一点。如果你正在为找工作的问题而烦恼，我建议你在写下每一个字、敲下每一行代码、说出每一句话之前，都想一想：我这样做的目的是什么？这个动作呈现的是我靠谱人设的哪个方面？想清楚了这些，你脱颖而出的概率会大大增加。

《好奇心日报》发起过一个话题讨论，叫作：初入职场的你闹过什么笑话？

以下是高赞回答：“怎么复印？怎么打印？怎么发传真？”“在工作群里，问了一句‘什么是刚需’，被所有人完美忽略……”大家的回答五花八门，所有答案都透出两个字：尴尬。

当你成为新手软件工程师，一定也会面临类似的问题。如何避免尴尬，从容地度过新手期？我们请行业高手为你支支招。

请注意，接下来的内容会涉及一些专业名词，还有一小部分代码。如果你没有专业基础，可能需要多花一点时间阅读。但是别担心，即使跳过它们，也不会妨碍你理解关键信息。

◎入行后的成长

入职初期很迷茫，如何快速进入新角色

熟悉：有抓手，入职初期不迷茫

· 韩磊

新人入职初期有多迷茫，经历过的人都懂。当你进入一家新单位，一切都是陌生的，陌生的环境、陌生的同事、陌生的工作，难免会忐忑不安。这时候如果有人提供几个确定的抓手，帮忙建立熟悉感，你一定会如释重负。

软件工程师这一行，就有这样的抓手。它们是：第一，工程方法。这家公司采用的工程方法是哪种？第二，开发工具。团队选用的开发工具有哪些？第三，常用文档。未来常用的文档有哪些？

这三个抓手，我们逐个来看。

抓手一，工程方法。

所谓工程方法，简单来说就是软件开发的流程和方法。在同一家公司，大家共同遵循它。新人如果不了解这一点，就不知道未来如何工作。

过去，古希腊砌房子是把石头一块一块地往上堆，而古代中国采用的是榫卯结构；后来，有了相对现代化的方法，叫砖混结构；再后来，出现了钢筋水泥的房屋，甚至钢结构的房屋。每个阶段较上个阶段都有所提升。

无独有偶，软件行业的工程方法也经历了类似的演进。最早的软件开发以个体为核心，一个人写完代码，运行成功就可以。后来，需求变得复杂、工程变得更大，这时候就面临软件工程问题，也就是一个团队如何协作的问题。

起初，软件行业总结出了软件工程的五个主要阶段：需求沟通阶段、设计阶段、实现阶段、测试阶段、交付阶段。那么，具体如何执行呢？

早在20世纪70—80年代，美国军方采用了一种工程方法，叫瀑布式开发，就是把前一个步骤严格确定好之后，再执行下一个步骤。需求分析清楚了再开始设计，设计完每个细节再开始开发……这就像瀑布一样，上游的工作完成了才能流到下游。

到了20世纪90年代前后，随着软件开始服务于越来越多的企业、家庭和个人，需求变得复杂多变，瀑布式开发潜在的问题逐渐凸显出来。人们发现，这种模式过于笨重，因为它要求软件工程师把每个步骤都做到完美。需求完全搞清楚了，设计才不会出错；设计完美了，开发才可以有效率。但只要任意一个步骤出现一点小问题，在后续环节中它就会被放大，导致软件无法满足需求，甚至返工重做。

基于此，2001年，美国17位软件开发专家共同提出了《敏捷宣言》，主张用敏捷式的工程方法弥补瀑布式开发的缺陷。

敏捷式工程方法同样包含前面提到的五个阶段，区别是它主张把整体设计做好之后，先出一个能用的版本，也叫“最小可行性产品”，之后不断迭代，把细节设计放到每一次迭代中去。在这一模式下，整个开发过程被分成若干个短的迭代周期，每个短周期的长度是2～4周。这种工程方法不要求步步到位，而是小步快跑、快速迭代。

这种方法背后的思想是，完成大于完美。就像我们平时和朋友、同事一起吃饭，大家都不知道吃什么。这个时候，只要有人站出来说“我们去吃麦当劳吧”，局面马上就会打开：有的人可能会说，麦当劳可选品种太少，还是去吃火锅吧；有的人可能会说，最近想吃清淡的，还是去吃粤菜吧……

第一个人提出去吃麦当劳，就相当于软件工程里的一次“完成”，它的价值不是一锤定音，让大家必须去吃麦当劳，而是给出一个还可以的靶子，让大家以它为基础，不断优化，讨论出最好的方案。同样的道理，敏捷模式也可以帮助软件工程师更好地发现真实需求，并以此为基础不断改进。

今天，绝大多数单位使用的开发模式既不是瀑布式，也不是敏捷式，而是两者的结合，你可以把它理解为“变形的敏捷”。

举个例子。敏捷模式有四个核心要素：结对编程[1]、重构、简单设计、测试驱动开发（TDD，Test-Driven Development）。但现在大多数公司不会用结对编程，因为需要的人力太多了；大多数软件工程师也不会用TDD，因为它是反直觉的，很多人还没有掌握这个技能。更多公司只是采用了敏捷模式的部分方法，比如持续集成、验收测试等。

每家公司都有固定的工程方法。如果你刚刚入职一家新公司，请注意熟悉它采用的工程方法是哪一种，看看你的同事是用什么样的流程在工作。只有这样，你才能知道自己未来该如何工作。

1. 指两位软件工程师在一台计算机上共同工作。一个人输入代码，另一个人审查他输入的每一行代码。

抓手二，开发工具。

软件开发的工具有成百上千种，每家公司的选择都不太一样。重点在于，一家公司使用的工具，是其内部所有软件工程师的基本工作界面。作为新人，你要和别人保持一致。

软件行业的工具复杂多样，入职初期，你至少可以从以下几个类别开始了解：

1. 编程语言。你要看看，这家公司正在使用的编程语言是什么。一般来说，多数公司都会选用一门编程语言作为主开发语言，比如有的公司选 C 语言，有的选 Java，有的用 Go 语言，等等。

当然，语言这件事，你应该在入职前已经有所了解了。入职后更重要的事情是，你要进一步熟悉、练习这门语言的基本语法、关键字等，确保能顺利上手。

2. IDE。IDE 是软件工程师写代码的时候要使用的软件，也是软件工程师天天要用的工具。

过去没有 IDE 的时候，软件工程师必须用编辑器写代码，写完之后手动用命令行编译，测试、调试也必须一行一行手动做。有了 IDE 之后，它把软件工程师写代码要进行的一系列操作、所需的一连串工具集成在同一个地方，可以帮助他们更方便地完成代码的创建、编译、测试、调试等工作。此外，IDE 还会提供一些辅助功能，比如代码高亮、代码补全和提示、语法错误提示等，极大地提升了生产效率。

和编程语言一样，每家公司选用的 IDE 也不尽相同。比如，有的公司用 Eclipse，有的用 JetBrain，有的用 Visual Studio。

需要注意的是，能不能熟练掌握 IDE，对新人来说格外重要。软件工程师不会使用 IDE，相当于文字工作者不会使用 Word。所以，建议新人重点关注这一点，并通过练习，熟悉 IDE 的基本操作。

3. 源代码管理工具。如果一个项目由多位软件工程师协同完成，必然要用到源代码管理工具。它的主要作用是追踪一个项目从诞生到定案的全过程，记录每行代码、每个字符是谁写的，以及所有的代码变化情况。当软件工程师需要查询特定版本修订情况的时候，或者需要明确 bug 源头的时候，可以直接查看源代码。

具体而言，每家公司使用的源代码管理工具也不一样，比较常见的有 GIT、CVS、SVN、ClearCase 等（现在多数公司都是用 GIT）。建议新人入职后尽快确认公司使用的是哪一种，并及时安装，以备使用。

4. 测试工具。和前面几种工具的情况类似，每家公司使用的测试工具也有所不同，你要了解这家公司使用的是何种工具。由于你以后写的每一行代码，都要通过这些工具的测试才行，所以测试工具和你未来的工作也是息息相关的。

抓手三，常用文档。

软件工程师和其他岗位之间，会通过一些文档来做对接。比如，软件工程师跟产品经理会用需求文档对接，跟测试人员会用测试用例说明文档对接，跟其他软件工程师会用接口说明文档对接，等等。

新人刚刚入职的时候，往往对这些文档感到困惑，其实它们并不复杂。你只要理解，每个文档都和某个协作岗位紧密关联在一起，工作起来就会顺畅很多。

作为新人，了解了以上信息，你就知道了自己未来天天打交道的工具有哪些，也就拥有了一份对未来工作的掌控感。

看齐：不要逆着规范做事

· 陈智峰

新人初入公司，另外一件非常重要的工作是熟悉规范。这里的规范指的不是规章制度，而是编程规范，也就是写代码要遵循的标准。

很多新人不喜欢条条框框的东西，觉得编程规范很烦人，总想自己发明创造，写出个性，彰显风格，这么做就大错特错了。

以谷歌为例。谷歌从创立以来就有严格的编码规范，规定了很多细节性的东西，比如命名、注释、布局、格式等，每种语言都有对应的规范[1]。举个简单的例子：谷歌对命名有要求，通常 C++ 文件应以 .cc 结尾（见图 2-2），头文件应以 .h 结尾。

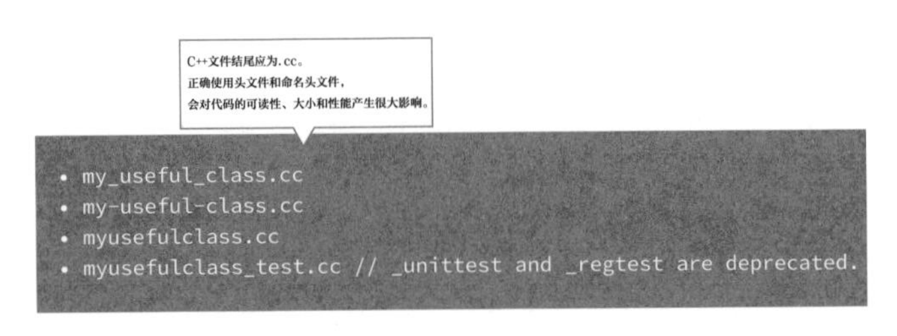

图 2-2 谷歌 C++ 文件命名示例

类型名称要以大写字母开头，每个新单词都有一个大写字母，没有下划线，比如 MyExcitingClass。

变量（包括函数参数）和数据成员的名称均为小写，单词之间带有下划线。例如：a_local_variable。

---

1. 谷歌的编码规范，参见：https://google.github.io/styleguide/。

类的数据成员（静态的和非静态的）都像普通的非成员变量一样命名，但是带有下划线（见图 2–3）。

```
class TableInfo {
  ...
 private:
  std::string table_name_;  // OK - underscore at end.
  static Pool<TableInfo>* pool_;  // OK.
};
```

图 2–3　谷歌类的数据成员命名示例

在谷歌，每个工程师必须严格遵守上述规范，否则写出来的代码不可能通过代码评审（Code Review，实际工作中通常直接说成 review）。

作为新人，你可能会疑惑，为什么要规定得那么死呢？答案是：为了高效协作。

一家公司有很多软件工程师，以及日益增长的代码库，如果大家遵循同一套规范，你会发现，代码库里的任何一行代码，不管是你写的、身边的同事写的，还是一个跟你相差十几个时区的同事写的，都有统一的结构、相同的命名规范……未来，不管你是要回看自己写的代码，还是要调用或继承其他人的代码，只要花很少的时间就能看懂。这对团队效率的提升是巨大的。

不止是谷歌，国内外每家公司都有大量的团队协作场景，大家共同遵守规范非常重要。值得注意的是，编程规范不是统一的，各家公司有不同的风格偏好。

比如函数长度，有的公司喜欢 50 行以内的函数，有的公司觉得 70 行更好；再比如代码命名，有的公司喜欢骆驼写法，有的公司喜欢匈牙利语式写法，有的公司喜欢蛇形写法；还比如代码缩进，有的公司认为用 tab 键更好，有的公司则强制要求按空格键。

虽然没有完美的规则，但是一般来讲，编码规范不会差到哪里去。规范之所以是规范，正是因为它建立在前人踩过的坑和总结的经验教训的基础上。**作为新人，你在编码前熟悉这些规范，开发时严格遵守就好，没有必要逆着规范做事。**

顺便说一句，如果你进入了一家没有编程规范的公司，那么你可以遵照官方手册的标准写代码——每门编程语言都有官方使用手册。记住一点：即使没有规范，也得自我要求。

看过了硬核的技术准备，我们再来看看“软技能”，也就是新手软件工程师如何跟人打交道。不要小看这个问题，要知道，今天每个软件工程师都不是孤身作战，而是身处团队之中。所以，学会跟人打交道，也是软件工程师的必修课。

如何跟同事打交道，跟他们顺利协作

融入：代码之外，解除“人”的困扰

· 韩磊

很多人认为，软件工程师主要跟机器打交道，会敲代码就可以了，不太需要跟人打交道。事实并非如此。实际上，新人入职后，立马会遇到与“人”相关的困扰。比如，密切协作的同事分别是干什么的？我该以什么样的姿态跟他们沟通？遇到问题如何求助？……能不能正确认识并处理与同事之间的关系，是新手软件工程师能否融入团队的关键。

我们先来看看和软件工程师协作的同事都有谁，这是新人一定要了解的。

软件工程是人与人之间协同的工程。一款软件从设计到实现、交付、测试，每个环节都涉及不同的专业岗位。一般来说，一个典型的项目团队包含以下六种角色：项目经理、产品经理、技术经理、研发人员（软件工程师）、测试人员、UI/UE设计师。

其中，项目经理负责整个项目的资源调配、进度把控；产品经理负责产品需求的收集、分析和产品设计；技术经理负责带领研发团队实现产品需求；测试人员负责对研发人员写出的代码进行测试；UI设计师负责产品界面设计，比如某个按钮如何呈现，某个页面如何布局；UE设计师负责产品体验设计，比如优化操作流程，使之符合用户使用习惯。

当然，有的项目会有独特的人员配置。比如，游戏项目里可能有3D建模人员，语音通话项目里可能有音视频专家，等等。

如果你是一名刚刚入职的新手软件工程师，了解了以上信息，不出一天你就能知道该跟谁对接什么工作。如果有不明确的地方，还可以去问你的导师或直接上级。

那么，新人和同事沟通，有哪些需要注意的地方呢？我总结了四点。

第一，向前一步是建立连接的基本要领。

软件研发团队的每个岗位之间都有明确的接口。作为新人，你可以提前了解整个团队的协作过程，尤其要关注你跟每个岗位的连接点在哪里。

比如，你是负责编码的人，你的上级输入是什么？一般来说，会有UI设计文件。那么，UI设计师跟你怎么对接？他们用什么工具？蓝湖还是墨刀[1]？你是不是要提前了解这些工具，以便更好地对接？

再比如，完成编码之后，你把代码交给谁？通常来说要交给测试人员。那么你应该承担的测试有哪些？给测试人员的代码要达到什么状态？测试人员要做的工作又有哪些？

这些问题你都可以向前一步，主动了解，而不是只盯着自己手头的编码工作。你可以通过学习公司的开发手册，或者询问导师去了解以上问题，慢慢建立起跟同事之间的连接。

第二，不卑不亢是新人最好的沟通姿态。

我们常常在网上看到一些段子，说软件工程师和产品经理之间如何掐架，急眼了甚至互相薅头发。这显然不是好的沟通方法。无论你跟什么岗位的同事沟通，我都有一个建议：有理有节，不卑不亢。

举个例子。假设产品经理设计了一个用户注册环节，允许文本框容纳 1000 个字符。但是作为软件工程师，你知道，这个产品的数据库只设计了 256 个字符的容量，根本放不下 1000 个字符。这时候你怎么沟通？是拍案而起大骂产品经理一顿，还是虽然直白但是态度友好地告诉他？

---

1. 二者均为产品设计协作平台，产品经理、设计师、开发等人员借助它们相互协作。

我认为第二种才是解决问题的好办法。你可以指出对方的错误，但要有理有据，不带情绪。既不居高临下，也不卑躬屈膝，这是长期协作的根本。

第三，学会求助是新人必须跨过的一道坎儿。

很多新人刚刚走出校园，依然带着学生时代的惯性思维。在这里我想特别提醒一点，一旦步入职场，你就不再是学生了，而是要解决实际问题的职场人。所以，遇到问题要懂得求助，不要自己闷头想半天，或者等着别人来教。

有一种问题必须马上问，那就是系统内部的问题，比如某个技术接口的设计是怎么回事。由于前人的设计或安排，你不了解详细信息，导致工作无法推进。这种问题到外面搜根本搜不到，那就应该立马求助。

其他问题，建议你先尝试自己解决，然后带着可能的解决方案或者你对这个问题的思考去提问。你可以说："我遇到了某某问题，查了一些信息还是不太明白，我的疑惑是……，您能帮我看看吗？"这样一来，对方就知道你努力过了，只不过由于你的经验或目前的能力有限才来求助，而不是伸手党。他也就会更乐意帮助你。

第四，学会说"不"是新人协调沟通的必修课。

一些通用的沟通技巧，你在很多地方都能学到。但是，其中有一点很容易被新人忽略，那就是学会说不”。

新人通常觉得很难说“不”，人家让干什么就干什么。我的建议是，如果你觉得哪里不太对，要主动提出来；如果你有不同意见，要懂得坚持，起码坚持到别人说服你为止。

要知道，别人告诉你一件事，他也可能出错，尤其是技术领域，细节比较复杂，出错在所难免。就算他没错，你说“不”的过程，也是理解他为什么说“对”的过程，因此一定不能一边不认同，一边又执行。

“一边不认同，一边去执行”可能导致两种结果。一种是，你想得对，但没表达，于是费半天劲做了一件错事；另一种是，你想得不对，但也不知道不能那么干，于是很郁闷地把任务做了，却依然固守着错误的想法。

你看，说了“不”，大概率是好结果；没说“不”，大概率是坏结果。如果你担心说“不”显得没礼貌，可以在正式沟通前讲讲你的想法，给对方建立正向预期，让他知道你不是来找茬的，也不是来抬杠的，只是想理清楚事情的原委，更好地解决问题。

和人打交道是一门艺术，也是软件工程师的必修课。只有打破人和人之间的壁垒，跟同事建立起良好的连接，你才算真正融入了团队。

素养：软技能是职场晋升的硬要求

· 韩磊

软件工程师存在一个普遍问题，就是跟人打交道的能力比较差。一个团队里的软件工程师，稍微活泼一点，会沟通，跟大家合得来，就能碾压 99% 的对手，有更多向上走的机会。

所以我想提醒新人，要注重跟人打交道的能力，也就是软技能的提升。不要觉得自己技术好就行了，别的可以不管不顾。实际上，**软技能是职场晋升的硬要求。**为什么这么说？

一个最基本的原因是，现在几乎没有人可以闭门造车。一个人参加工作，就意味着他要在整个社会分工的基础上，和其他人相互协作，达成目标，这是我们每天都要做的事情。如果你不善于跟别人打交道，工作上的磕磕绊绊大概率会比较多，无形之中会为你增添很多不必要的烦恼。

仔细观察你会发现，做产品或者做商务的人在吃饭的时候，明显跟软件工程师不一样。很多软件工程师巴不得赶紧吃完饭就走，而做产品或商务的人则会主动把气氛搞得融洽一些，甚至会主动倒茶，随时关注每个人的杯子是不是满的，在意谁先进电梯，谁先出电梯，等等。你说这是卑躬屈膝吗？我觉得这更重要的是给人尊重感，时时刻刻关注每个人的感受。

我之所以提醒软件工程师注重软技能的提升，当然不是让你去端茶倒水，也不是让你去讨好任何人，而是希望你能看到代码之外，那些每天跟你协作的人。只有跟他们打好交道，你手头的工作才能更顺利地进行，你的职场晋升也才有可能更快地实现。

除了跟密切协作的同事处好关系，作为新人的你还要注意一个问题，那就是不要因为自己的工作习惯等问题，给同事添麻烦。这是很多新人容易忽略的一点。关于新人怎么不给同事添麻烦，我们看看陈智峰老师有什么好建议。

拆分：动手工作前，先做任务分解

· 陈智峰

新人刚开始工作特别容易犯一个错误，那就是把大段大段的代码一股脑丢出来，让后续做评审、测试的同事苦不堪言。之所以出现这种情况，是因为这些新人没有意识到，接到任务后，好的工作方法不是毕其功于一役，一个人埋头干到底，而是先做任务分解，把大任务拆成小任务。

为什么要强调任务分解的重要性呢？**首先，将一个大的任务分解后，处理每个子任务时要解决的问题就变少了。**子任务做完发给评审，如果有问题，评审会迅速给你反馈，你接下来做其他子任务时就能避免同样的问题。这就叫小步试错，不停迭代。

举个例子。你要改一个比较大的 C++ 程序，这个程序里有 30 个文件，那最好的办法是先把每一个接口（.h 文件）和它对应的实现（.cc 文件）及测试（.ch 文件）抽取出来，每 3 个一组，变成 10 个文件。接下来，你就按这 10 个文件逐个修改，每改好一个就提交一个。这样一来，如果你第一个文件改得有问题，后面的同事就能及时发现并反馈给你，之后改第二个、第三个时就能避免类似的问题，整体改动也会越来越少，不至于造成大返工。

相反，如果你一次性把大任务完成了，将所有代码一起发给评审或者测试，他们一看，发现底层的代码都有问题，那你就需要全面返工，很可能会耽误工期。

其次，任务分解还有一个更重要的作用，就是帮你厘清解决问题的思路。哪怕是毫无头绪的问题，通过任务分解也能找到解决办法。

我们来看一个经典的例子。大家都知道埃隆·马斯克有个目标是送 100 万人上火星。要知道，以现有的技术，把一个人送上火星需要100亿美元，100万人就是1万万亿美元，实在太贵了。马斯克打算怎么解决这个问题呢？他先把目标定为每人50万美元，相当于把成本降到原来的1/20000。接着，他又把分团的20000分解成20×10×100。

这是一道简单的数学题，也是马斯克的三个努力方向。先看“20”：现在的火星飞船一次只能承载5个人，马斯克打算把火箭造大一点，一次坐100人，这样就等于把成本降到了原来的1/20。再来看“10”：马斯克认为自己是私营公司，效率高，成本可以降到原来的1/10。最后看“100”：回收可重复使用的火箭，使成本降到原来的1/100。

你看，马斯克就是通过任务分解，让一件看似不着边际的事情变得靠谱了起来。软件工程师的工作也是如此。当你碰到一个大的任务，甚至是难以完成的任务时，先去拆解，拆分成子任务，然后聚焦于每个子任务怎么完成和实现，你会发现，最终大的任务也就能完成了。

在整个职业生涯中，将大目标拆分成小目标，将大任务拆解成小任务，都是软件工程师非常重要的工作能力。

度过了入职初期的迷茫阶段，接下来，你就要把精力放在执行工作任务上了。

作为软件工程师，你的最高任务是把代码写好。关于如何写代码，门道特别多，相关的专业图书也不少，要讲清楚可能得写好几本书。所以，接下来你将看到的，不是面面俱到的“代码编写大全”，而是几位行业前辈从多年工作经验中总结出来的最重要的几点经验。

接下来的内容可能有点烧脑，但完整读下来之后，相信你会感受到代码的魅力。不仅如此，其中很多解决问题的思路还可以迁移到其他领域，即使你不写代码也用得到。

如何练好基本功，写出好代码

编码：用整洁代码，构筑“高楼大厦”

· 韩磊

如果说软件是高楼大厦，那么代码就是构筑它的每一块砖。我见过很多人，敲了10年代码依然对代码质量不够重视。在他们看来，能运行的代码就是好代码，真是这样吗？

当然不是。就像造房子一样，我们造个窝棚也能住，但万一下雨了呢？万一地震了呢？万一有小偷闯空门呢？或许一段代码在某段时间内可以工作，但如果它的强固性、安全性、可扩展性、可复用性等存在缺陷，就会为以后埋下隐患。最可怕的是，烂代码堆烂代码，层层堆叠，致使整幢建筑里出外进、摇摇欲坠，随时可能崩塌。

所以你看，代码能运行只是最基础的要求。除此之外，好代码要达到的标准还有很多。作为新手，你可能一下子兼顾不了全部，但有一条一定要努力做到，那就是写整洁代码。

什么叫整洁代码？我们都知道，写文章的时候，虽然各人文风不同，但有些标准大家都得遵守，比如没有错字、标点正确、文从字顺、逻辑清晰等。只要做到这些，基本不会出什么大问题。写代码也一样，写整洁代码是软件不出大问题的保证。那么，它的具体要求有哪些呢？

第一条要求，叫具备可读性，意思是用人类可读的方式写代码。

很多软件工程师写代码的时候过多关注它要实现什么功能，忽略了可读性。这是因为，他们认为代码是给机器看的，无论用什么语言，写出什么样的代码，最终都会被编译成机器能理解的二进制代码，至于人读不读得懂，无关紧要。

但实际工作中你会发现，代码不只是给机器看的，也是给人看的。一种典型场景是，小 A 写完一段代码，一个月后发现可能存在 bug，于是回过头去调试它。这时候，如果连小 A 自己都看不懂那段代码了，显然它的可读性就不够好。另一种典型场景是，别人承接小 A 的工作，或者需要和小 A 协作，如果看不明白小 A 写的代码，也会无从下手。

那么，如何实现代码的可读性呢？业内有很多标准可以参考，比如使用比较少的函数，使用有意义的命名等。

就拿有意义的命名来说，一个函数，你是叫它“a”“b”“c”更好，还是是“整数相加”更好？肯定是“整数相加”，因为它更清晰，也更有意义，表明了这个函数的功能和意图。一个变量的命名，你是叫它“N”“i”，还是直接叫“月薪”？显然，“月薪”更容易让人看懂[1]。

代码本身的命名必须具有说明性，否则读代码的人就得自己分析上下逻辑，花很长时间才能弄懂某段代码是什么意思。

第二条要求，叫一次做好一件事。

整洁代码力求集中，每个函数、每个类和每个模块都专注于解决一件事，并做到极致。这种思想不是现在的人发明的，而是来自20世纪70年代，著名操作系统UNIX的设计哲学。那么，一段代码只做好一件事意味着什么呢？

首先，它意味着代码不会重复。一段代码完成某个特定功能后，未来，当我们需要实现同样或者类似的功能时，就可以直接调用它，而不用再写一次。这一点在业内有个专门的说法，叫“don't repeat yourself”（不要重复自己）。比如，你用一段代码实现了搜索功能，可以快速把符合条件的内容找出来，那么不管是做电子书内容的搜索，还是网页内容的搜索，都可以调用同一段代码，不用重复发明轮子。

1. 这里使用了中文名称，目的是便于读者理解。软件工程师在绝大多数情况下会用英文命名。

其次，它还意味着代码不容易混乱。写过代码的人都知道，代码内部的函数与函数之间、类与类之间、模块与模块之间存在相互调用和依赖的关系，牵一发而动全身，稍不注意就容易出错。一次做好一件事，要求软件工程师在最小颗粒度上把最重要的目标定义清楚，避免含混不清，避免把一大堆东西搅合在一起，避免出现“修改 1 个缺陷，带来 100 个新缺陷”的尴尬。

以上，我为你介绍了整洁代码的两个基本要求。其实，关于整洁代码，类似的要求还有很多。这些内容在我 10 年前翻译的《代码整洁之道》中有详细说明。现在，这本书已经成为国内多家公司软件开发部门的参考读物，并在全世界范围内受到认可。

我建议新人多阅读类似于《代码整洁之道》的书，因为它们可以帮你养成优秀软件工程师的基本能力、基本习惯和基本素质。我见过不少人，从业多年未必掌握了这些，导致他们永远在写糟糕的代码。作为行业内的一员，我特别希望新一代软件工程师不要成为那样的人。

说明：方便他人使用你的代码

· 陈智峰

工作多年的软件工程师都知道，刚入行的新人通常有个误解，认为日常工作以敲代码为主。他们不知道，敲出新代码的前提是大量阅读旧代码。据统计，软件工程师花费在读代码和写代码上的时间之比，大概是 10：1。

为什么会这样？我们拿造房子打个比方：软件工程师很少有机会从 0 到 1 造一座新房子。相反，他们的工作更像是给前人造了一半的房子里装电线，或者在别人造完的房子上修修补补。要想在旧房子的基础上开展工作，就得了解它是什么，为什么这么造，存在什么毛病。房子越大、越复杂，了解它所花费的时间也就越多。

所以你看，软件开发不是一个人的战斗，而是一个相互协作、不断接力的过程。你的工作受前人工作的影响，也会影响到未来阅读你的代码的人。真正优秀的软件工程师会尽最大的努力让自己的代码具备足够的说明性，方便后人使用。具体怎么做呢？

第一个办法，也是首先应该发力的一点，让代码具备足够的自说明性。也就是说，不用什么辅助说明，别人直接看代码就知道你要做什么，代码本身自带说明。

极端情况下，别人把具体实现功能的代码折叠起来，只看函数名以及它们之间的相互调用关系，就能知道你的程序要做什么。就像一篇文章，把大段内容折叠起来，只看小标题以及它们之间的关系，读者就能知道这篇文章大概要讲什么，以及层次会如何递进。

举个例子，假设你要写一个用户注册程序，它的代码可以怎么写呢？你可能会先写一个函数叫“发送注册数据到后台”，再写一个函数叫“从页面获得数据”；“从页面获得数据”又包括：读取“用户名”文本框，读取“密码”文本框……这样一来，读代码的人一下子就明白了这段代码的目的和逻辑。

当然，这只是一个简单的例子。要写出自带说明性的好代码，需要很深的功力，也需要持续练习。建议新人从写整洁代码练起。

对于不能在代码层面直接说明的情况，就要用到第二个办法了：在代码里加注释，如果注释说不清楚，就单独写一份说明文档。

比如，有一个函数接受两个参数输入，没法靠代码本身让人看懂，那么你就需要在代码里写注释，把其中的逻辑讲清楚。需要注意的是，新人在写注释时，经常会犯一个错误——只说是什么，不说怎么用。

我见过的最糟糕的例子是一个数学函数，注释里写的是："该函数做的事情跟另一套软件里同模块下函数做的事情是一样的。"这样的注释太随便了，根本没有考虑到别人看了注释后要怎么用。

我觉得好的注释是这样的：别人带着问题去看你这段代码和注释，看完以后问题就解决了。比如，C++ 注释规范中关于类注释的规范（见图 2-4）就描述得很清楚，它可以为软件工程师提供足够的信息，让他们知道什么时候、怎么样使用这个类，以及正确使用这个类的注意事项。

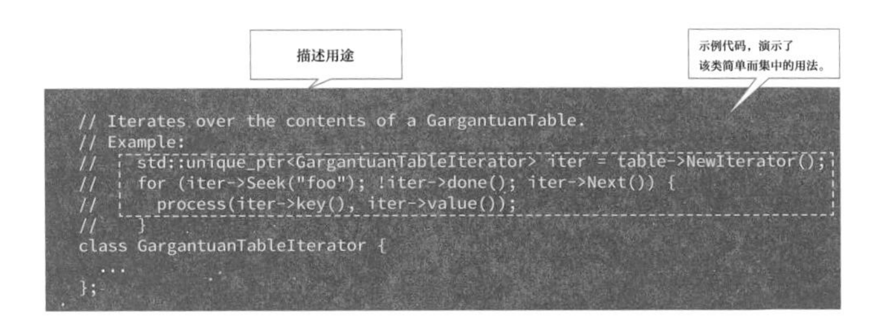

图 2-4　类注释规范的描述

想象一下，我想构造一个新程序，需要调用之前代码里的某个模块或函数。当我去调用它们的时候，好的注释直接摆了个例子告诉我"你这样用就好了"，我得多省事呀。

如果有些问题用注释说不清楚，你还可以单列一个文档。一般来说，需要用文档单独说明的就不是微观层面的细节问题了，而是有关代码架构、设计逻辑等宏观层面的问题。

不管是微观层面还是宏观层面的说明，我们都应该注意一点：不要为了写注释而写注释，也不要为了写文档而写文档。我们的目的是让别人更快地理解代码，更方便地使用它们。

有个笑话是这么说的：软件工程师最讨厌的四件事是写注释、写文档、别人不写注释、别人不写文档。确实，很多软件工程师一边不注重自己代码的可读性，一边又希望别人的代码容易看懂。如果这样的人多了，结果很可能是，软件里的代码越来越乱，最后谁也看不懂。

所以，保持代码的整洁性，方便他人使用你的代码，不仅是一种能力，还是一种职业素养。写代码不仅是个技术活，还是个良心活啊。

迁移：编程是一种写作

· 韩磊

在很多人看来，编程是一件偏数学、偏技术、偏理工的事情，但它其实也有文学的一面。因为我们在编写程序的时候，使用的也是某种语言（比如 C、C++、Java、Python 等）。只不过这种语言不是我们通常熟悉的人类语言，而是编程语言。

在我来看，**编程语言和人类语言有很多相似之处，二者没有本质区别。**

打个比方，人类语言里有字、词、语法，编程语言里也有保留字、变量、语法；人类语言里有句子组织成的段落，用来阐明某件事情，编程语言里也有代码组成的函数，用来实现某个功能。同为语言，人类语言和编程语言的底层逻辑是相通的。

相应地，就像写文章一样，编程也是一种写作。它要求谋篇布局，要求标点正确，要求没有语病。更有意思的是，跟写文章的高手一样，真正好的软件工程师写出来的程序是非常整洁且富有艺术性的。他们的代码是写给计算机的指令，也是写给人看的“文章”，让人读起来如沐春风。

我看过一个故事。1996 年，王欣从青岛大学计算机专业毕业后去了金山，雷军亲自面试。当时，雷军问了王欣一个问题：你写程序有写诗一样的感觉吗？王欣回答说没有，随后就被雷军劝说改换赛道，转而成为金山的产品经理。

这个故事也从侧面说明，写代码并不是一份 100% 理科气质的工作，它也有文学性甚至艺术性的一面。我个人一直主张软件工程师要对“语言”有比较好的理解。可能因为我是学语言学的，对这一块关注得比较多。我相信，如果把对语言的理解放到计算机程序上，你会收获不一样的启发。

“佛祖说，他可以满足软件工程师一个愿望。软件工程师许愿有生之年写出一个没有bug的程序，然后，他得到了永生。”这虽然是个笑话，但道出了一个真相：编程不息，bug不止。软件工程师注定要跟bug共存。

关于如何防范bug、发现bug、解决bug，我们看看行业高手有什么好办法。

如何防范、发现、解决 bug

防范：把缺陷扼杀在摇篮里

· 韩磊

成为软件工程师的那一刻，就意味着你开启了和 bug 的斗争之旅。坏消息是，解决完旧 bug，永远还有新 bug。好消息是，虽然 bug 无法避免，但我们有办法从源头减少它们的出现。

这种办法就是前面提到的 TDD，一种反直觉的开发理念。为什么说反直觉呢？因为我们知道，传统的软件开发顺序是先写代码，再做测试，而 TDD 恰好相反，它倡导先做测试，再写代码，用测试驱动代码的生成和完善。

打个比方，TDD 有点像亚马逊的逆向工作法。一般公司会先把产品做出来，然后拿到市场上验证，接受市场反馈。而亚马逊把这个顺序反了过来：在没有任何产品的时候，他们会先写一份新品发布新闻稿，还有一份“常见问题解答手册”，列出消费者可能会问的问题，然后根据这些问题去研发产品。

TDD 正是这种逆向思维在编程领域的体现。假设你要编写一个程序，用 TDD 方法，步骤会是这样的：

- 第一步，设定测试条件一，写代码，使其通过测试一；
- 第二步，设定测试条件二，改代码，使其通过测试二；
- 第三步，设定测试条件三，改代码，使其通过测试三；
- ……

依此循环，直到你把能想到的测试条件测完为止。

这是一个持续完善的过程，要求你不断增加测试条件，逐步丰富代码的执行路径。

比如，一个函数接受两个参数的输入，那么这两个参数可能是一大一小，可能是整数，可能是浮点数……不同的输入路径会导致不同的代码行为。而你要做的是，把这些可能的路径提前考虑到，并据此设计不同的测试，调整代码使其通过测试。整个循环执行下来，代码存在缺陷的可能性就很小了。

打个比方，这个过程就像一个人在森林里走，森林里有很多路，你知道他有可能会迷路，于是提前在每一条路上都设置了一个监控他行为的摄像头（相当于代码测试），以确保当他走错路的时候，你能立马知道哪里错了。

你也许会问，我不可能每一次都设想到全部情况，如果测试做得不全怎么办？

没关系，即使你一开始没有想到某种可能存在的情况，导致程序出现 bug，那些已有的测试也能帮你用排除法定位问题。

还是拿森林小路举例，已有的测试会告诉你，这个人走失了，但不是在甲、乙、丙这三条路上不见的——这些地方已经安装监控，没有报告异常。你会很自然地想到：森林里是不是还有一些被我忽略的路？找到后，把它们也“监控”起来。通过类似的反馈，你会慢慢绘制出整片森林的地图，直到将每条路都尽收眼底。

更重要的是，未来，当你需要修改、重构代码的时候，已有的测试可以保证，任何一个小的修改都不会产生大范围的负面扰动。因为它们已经分头把守在每一个路口，一旦某项修改有问题，离它最近的监控就会发出警报，帮你做好相对“无痛”的升级。

当然，以上说的只是一个最小单元代码的编写过程。实际工作中，一套程序可能包含成千上万行代码。如果你严格执行 TDD，让每一个最小单元的代码都被这样的测试覆盖，那么整套程序出错的概率自然会大大降低。

TDD这种方法，目前很多软件工程师还没有掌握。一个原因是前文提到的反直觉，不符合传统的编程习惯；另一个原因是，很多人认为TDD浪费时间，降低了工作效率。

我认为，不用TDD，或许能让代码在短时间内更快地运行起来——就像快速造出一个能住的窝棚；但从长期看，没人能保证它是一段好代码，也无法预知它会出什么问题，出了问题如何解决，解决一个问题会不会带来其他问题……而用TDD，以上问题都能更有效地控制。

所以，**TDD是一种把缺陷扼杀在摇篮里的编程理念。**软件工程师用TDD编写优质代码的成本，远远低于不使用它，未来维护糟糕代码的成本。

测试：对软件工程师的基本要求

· 陈智峰

作为把控软件质量的关键环节，软件测试的重要性不言而喻，它是软件工程师避免bug的重要方法。但很多新人真正执行的时候容易抓不到重点。

关于程序测试，我觉得新人需要注意的有以下几点。

第一，测试要自己做，尤其不能让用户成为你的测试人员。

你也许本能地以为，测试是软件工程师额外的工作，但实际上，测试也应该是软件工程师工作的一部分。

现在很多开发模式要求开发人员自己写测试。换句话说，你自己写的代码，自己先要去测。一定不要让用户成为你的测试人员，不能因为赶进度或者人手不够，不好好做测试就匆忙上线，这样大概率会有用户反馈回来一些非常基本的错误，一旦发生这种事就很尴尬了。

第二，除了测试基本输入以外，还要努力构想更多的边界条件。

假设你要修一条隧道，修好之后，你除了要测试普通车辆通过有没有问题，还要测试如果车辆超过隧道的最大高度，它是不是“不能”通过。

程序设计也是一样。一般来说，输入函数的值会有一个范围。如果这个范围是只能输入正数，你就要看输入负数的时候会不会报错；如果只能输入负数，你就要看输入正数会不会报错；如果一个函数的有效范围值是 –10 ～ 10，你还要测试 –13 和 14。测试时不能默认别人给的输入都是有效范围之内的数值。

另外，一些输入数据可能会影响测试模块的不变量，这也要格外小心。

什么意思呢？比如，银行里的转账程序，一笔钱从 A 账户转入 B 账户，A 减少 10 元，B 增加 10 元，不变量就是两个数字加起来等于零。这时候你要考虑到，可能会有恶意输入，让 A 减少 100 万元，到 B 那里只增加 10 元。你需要做更多的调验，不能让两边减少和增加的部分不相等。

第三，要测试接口定义的程序语意，而不是当前实现的具体行为。

这一点涉及接口和实现的分离。简单来说，接口注重的是 what，是抽象的，而实现注重的是 how，是具体的细节。接口定义的程序语意是说，这个模块会做什么事情；而实现的具体行为是说，具体怎么实现这件事情。软件工程师要测试前者，即"这个模块会做什么事情"。

举个例子，假设我到网上买东西，我希望挑好一件商品，付钱，最后货送到我家。我买商品，商品送到我家，我只关心要做什么事情（相当于"接口定义的程序语意"），而不关心具体怎么实现这件事，即商家到底是用邮政快递送到我家，还是用顺丰快递送到我家，我都不介意。

也就是说，在程序世界里，接口只定义从输入到输出这个过程，但这个过程其实可以有很多种实现方式，软件工程师写测试用例的时候要测输入和输出的过程，尽量不要测试中间的步骤或过程。

输入输出是稳定的，中间步骤可以很灵活，我们要重点测试稳定不变的部分，至于中间步骤（准确地说是“实现”的部分）可能出现的问题，我们应该在调试环节解决，而不是测试环节。

第四，对重要模块，编写的时候就要做到基本性能测试。

以造桥为例，桥梁最主要的功能是承重，所以你搭建的时候就要测试使用的材料能承受多少压力，这叫基本性能测试。写程序也一样，重要模块的主要功能是什么，你在编码的时候就要进行测试。

第五，对程序交付以后出现的 bug，要构建相应的测试程序并提交代码库，保证以后不出现同样的问题。

假设一个程序已经上线，发现一个 bug，你肯定会去打补丁修复它。但是这里存在一个问题，以后别人再改程序，怎么保证同样的错误不会发生？

这时候需要你针对这个 bug 写自动测试的代码提交代码库。这样一来，以后有人再改这个代码，都会被运行到自动测试里，同样的 bug 就不会再出现了。

顾全：不遗漏任何一种可能

· 韩磊

看过了避免 bug 的具体方法，我们再来看看要想避免 bug，底层的思维方式是什么。

这种思维方式可能跟很多人印象中的软件工程师有点落差。在很多人眼里，软件工程师不拘小节，甚至有点粗枝大叶。但实际上，真正优秀的软件工程师都有极其缜密的心思。因为不管写什么程序，他们都秉持一种思维方式，那就是**考虑全面，不遗漏任何一种可能**，否则容易导致 bug。

还是拿最简单的用户注册程序举例。我们都知道，现在用户使用各大软件前，都要完成注册，创建属于自己的账号、密码，然后才能使用。从用户的角度看，这个流程很简单，操作两三步就能完成。但是作为软件工程师，假设这个程序由你来写，你要考虑的问题可就复杂多了。

比如用户名的设置，允许填入多少个字？如果不加限制，用户写进去 10000 个字符怎么办？有哪些名称是不能用的？

像是假冒党政军机关、企事业单位的名字，假冒新闻媒体的名字，国家明令禁止使用。考虑到这一层，你是不是得多加几层审核？

再比如密码的设置，规定长度是多少？应该包括哪些字符？是不是要强制规定包含这些字符？密码验证是在客户端做还是在服务器端做？这些问题都不是那么简单的。

软件工程师写任何程序，都要把用户每一种操作的可能考虑清楚，预先想到代码每一种执行的路径。不这样做，很有可能酿成意想不到的后果。

举个例子。如果你在用户名的输入这个环节没有做好安全验证，很有可能会出现这样的情况：用户恶意输入了一个SQL 语句，而你的程序没有拦截它，直接把 SQL 语句往后传，后面也没有做相应验证，那么，这个语句就可以直接破解你的数据库。实际上，类似的事情真实发生过。曾经有人在车牌上打印了一个 SQL 语句，结果真的把某个车牌识别系统搞崩溃了。

所以，软件工程师最重要的素质之一，就是全面考虑问题。考虑问题不全面，是新人最容易踩的坑，也是新人最应该应对的挑战。当然，要真正达到全面考虑的水平，起码得做到中级软件工程师以上才行，但新人还是要有意识地练习，不放过任何一种可能造成 bug 的细节。

到这里，你已经学习了避免bug的具体方法和思维方式。但是我们知道，bug永远无法被消灭干净。而且，一旦出现bug，可不是那么好解决的。所以，很多软件工程师经常自嘲，“编程五分钟，改bug两小时”。怎么才能快速发现bug、解决bug呢？我们看看陈智峰老师怎么说。

排错：像侦探一样发现问题

· 陈智峰

很多人对bug有个误解，认为它像是一道出给软件工程师的数学题，如何解答是这道题最难的部分。但其实，处理bug跟解答数学题不一样，它的难点不在于如何解答题目，而在于如何找到题目。换句话说，最难的不是改bug，而是找bug。

bug可以分为“好的”bug和“糟糕的”bug。所谓“好的”bug，就是那些容易复现的bug，只有局部的逻辑错误，比如某个地方该用冒号却错用了分号，反复造成同一个问题。这种bug比较容易处理，只要跟报告bug的人沟通清楚，就能找到问题在哪儿，反复测试几次直接修改就行。

难处理的是糟糕的bug，就是那种根本不知道问题出在哪儿的bug，这种bug容易出现在多线程程序、并发程序和分布式程序里，通常不会复现。

记得有一次，我所在的项目组做的程序出现了一个bug，怎么都找不到入口。整个谷歌，从纽约办公室到印度办公室，十几位工程师接力调试，才把bug找到并修复好，这就是糟糕的bug。

面对这种糟糕的bug，很多新人找起来毫无头绪，面对成千上万行代码，怎么才能找到问题的根源呢？要想定位糟糕的bug，有几个方法可以使用。

1. 模拟bug场景。想象一下怎样的代码会实现bug导致的现象，顺着这个思路去找。比如你遇到一个死锁问题，但是检查代码发现所有锁都是配对的，没有忘记解锁的地方。这时候你就要想想，什么情况下会死锁呢？只可能是在上锁的时候强制杀掉了线程。你去看看有谁强杀了线程，大概率就能找到bug。

2. 二分法。先把代码一分为二，判断bug可能在前面一半还是后面一半，如果确定在前半部分，就用二分法继续在前半部分里划分，然后再分，不断缩小范围，最后定位。

3. 调试工具。针对某些bug使用调试辅助工具。比如

IDE 里的单步跟踪、多线程调试工具、性能调试工具、内存监测工具等，你可以用这些现成的工具辅助自己定位 bug。

4. 极限测试。用足够多的测试机，设置不同的极限条件进行测试，观察测试结果有什么规律。比如，在输入手机号的地方输入文字，如果你一输入文字，程序就会出错，你就要关注代码里关于文本输入的逻辑有没有问题。

5. 小黄鸭调试法。如果你已经知道了某段代码大概率有问题，就可以拿一个小黄鸭或者小熊，把它放在桌上，对着它一行一行地讲代码，连为什么某个地方用数组都要讲得很清楚。这个过程可以帮你理顺代码逻辑，相当于让你用一种自言自语的方式，自主发现问题。

当然，类似的方法还有很多，你可以慢慢探索。找 bug 很像做侦探，你需要回溯现场、找线索、立假设、做推理，直到发现“凶手”。侦破的整个过程对新人的成长有很大的帮助——新人除了能掌握找 bug 的方法，还能对项目的架构设计、模块之间的调用关系等有更深的理解。

软件工程师有多忙？有网友吐槽自己的软件工程师男友，在一起一年，一周见不了一次，一天说不了五句话。

软件工程师的忙是有目共睹的。但与此同时，这一行发展过于迅速，只有持续学习，才不会被淘汰。甚至有人开玩笑说，不谈恋爱可以，不学习不行。

那么问题来了，从职业发展的角度看：软件工程师在工作很忙的状态下，怎么高效学习？关于这个问题，行业前辈们有哪些亲测有效的好方法呢？

如何在工作很忙的状态下高效学习

探源：一锄头一锄头地深挖下去

· 韩磊

关于软件工程师的学习，大家往往有个误区，认为不断学习就是一直学习全新的东西。其实不然。年轻人在从业初期可能会有一个比较频繁的学习新事物的过程，但到后面会慢慢趋于稳定。**你在某个岗位上做得越久，就越需要往深处钻研的能力。**

所以，如果新手软件工程师问有什么好的学习建议，我的建议就是两个字：深挖。我见过很多从业多年但晋升不太顺利的人，行至中途败下阵来。他们往往不是败在学一门新语言、一个新工具上，而是败在没能对所学领域深入探究。很多人认为自己热爱软件，其实爱的只是表面而已。

如果你刚入行不久，本书“新手上路”章节提及的学习方法对你依然适用。唯一不同的是，从现在开始你要找到自己的主攻方向，然后往深处挖，追求更深层次的发展。

从哪儿往下挖呢？好消息是，在我们这一行，随便找一个点挖下去，都有深不见底的知识，就看你的兴趣在哪里。比如编程语言这个点，可以怎么往下挖？基础语法不必多说。再往下挖，还有类库知识、第三方工具库和各种开源代码；再往下挖，还有这种语言的运行机理；再往下挖，还有语言对于内存的使用问题……

除了语言本身的问题，还有这种语言运行的环境是怎么样的？如何熟练使用配套工具？还有如何用这种语言做好代码设计？怎么划分代码的层次？还有如何用这种语言构建一个应用程序？这个程序从哪个地方起头？它的执行顺序是怎样的？它什么时候会调用到哪些系统的API（接口）？沿着这些问题，你可以一直挖下去。

很多新人会问：现在线上线下信息那么多，鱼龙混杂，怎么甄别出好的学习资源？对此我有两个建议。

第一，去读官方文档。每一种编程语言，每一种IDE都有官方使用文档。这是最直接也是最该看的资料，但往往被大家忽略。官方文档出自作者，就像一本书的作者对自己作品的说明。关于这本书的一切，没有人比他更了解。所以，任何时候，官方文档都应该成为你的第一手学习资料，从源头寻找问题的解决方案。

第二，官方文档不见得能覆盖你遇到的所有问题，这个时候比较好的选择不是去翻海量文章，而是去看有针对性的、高质量的社区问答，比如之前提到的 Stack Overflow，Segmentfault 等社区。这些社区设有积分机制，可以让高质量的答案浮上来，已经替你做好了筛选。

第三，当然不是说文章不能看，只是很多文章的观点不一定对，可能导致你花了时间却接收到一堆错误信息。如果你要看文章，就去看那些业界普遍认可的文章。怎么判断呢？你可以关注在各大公开技术活动上经常出面的人，或者某个开源软件的主创人物，他们的观点值得重视。

很多新人还会问：我知道深挖某一个领域很重要，但是平时工作太忙、太累了，如何在这种情况下保持学习状态？

首先，我一向强调在工作中学习，而不是为了学习而学习。你找一万本书来看，有可能看完了也就看完了。但是在工作中，每一行代码的编写，每一个 bug 的修复，都是能力的增长。

其次，我相信再忙再累，我们也是有时间的。干过这一行的人都知道，软件工程师不大可能全神贯注连续写 8 个小时代码，写三四个小时就不得了了。在写代码的间隙，如果你花一点时间，哪怕 10 分钟、20 分钟去看看书，了解一些相关知识，也会收获能力的增长。

最后，下班时间能否利用？周末时间能否利用？很多年轻人说，你不体谅我。但我想说的是，归根结底还是看个人：你愿意为自己的未来投入多少时间？我上大学的时候，有语言学专业要学习，还要自学计算机，没办法，只能抓紧一切时间。大学期间我试过做一个软件，三天两晚没休息。当然，这不是鼓励长期熬夜，年轻人一定要照顾好自己的身体。我想说的是，当你真正热爱一件事情的时候，总有时间给到它。这叫取舍。

说回如何学习这个问题。**软件工程师这一行，没有什么知识不值得深究。每一个看似浅表的工作任务之下，都有深不见底的知识可以挖掘。**只要找到正确的学习路径，肯花时间、花精力一锄头一锄头深挖下去，你就可以成为某个领域的专家。

除了韩磊老师关于学习的建议，郄小虎老师和陈智峰老师还提到一种高效学习的方法，叫阅读牛人代码。按照他们的说法，写代码就像写文章，你要想提升自己的写作水平，得先看看范文是怎么写的。是不是很有意思？接下来，我们看看两位老师是怎么说的。

研读：关注教科书级别的代码

· 郄小虎

很多新人都有这样的困惑：从学校毕业，进入工作岗位后，有没有什么快速提升能力的办法？继续买很多编程的书，一本一本地看吗？不一定。以我自己的经验（我知道有很多工程师也是这么干的）来看，更高效的方式是通读牛人的代码。

刚到谷歌的时候，只要一有空，我就找出公司里最牛的人写的代码，细细研读。他们的代码都是教科书级别的，我自己动手写代码之前，会先去看一看他们是怎么写的。

为什么要读牛人的代码呢？因为牛人的代码会让你明白什么才是真正好的代码。

首先，牛人的代码会非常清晰、明确、易用，自带使用说明。什么意思？就像你拿到一个面包机，不需要知道里面复杂的运作原理是什么，只要照着说明书去做，就可以做出面包来。好的代码也是这样，它能让别人看得懂，用的时候也不会出错。

其次，牛人写的代码会非常高效。一般的工程师需要用大量代码来解决的问题，牛人的解决方案却非常简洁、精炼。

内行都知道，代码不是越多越好，你用成千上万行代码实现一个系统，并不能说明你厉害，反而是用少量代码解决复杂的问题，才是高水平的体现。

牛人在归纳、提炼和化繁为简上都做得炉火纯青。在谷歌，我们每个人都要给其他工程师做大量的 review。我做 review 时，一般工程师提交的代码，我通常都能给出一些优化结构的建议。但对杰夫·迪恩等大神的代码，试图优化基本是徒劳的。他们的组织结构恰到好处，真的是到了增之一分则太长，减之一分则太短的境界。

再次，牛人写的代码会有很强的通用性和可扩展。一段代码可以解决很多问题，可以实现很多差异比较大的功能。举个例子。在编写服务端代码时，经常要用到 Event-driven（事件驱动）的架构里的 callback（回调函数）。在去谷歌之前，我见过的 callback 实现机制不少，但通用性和可扩展性都不太好，而且用起来很容易出错。谷歌有个大牛定义了一个 Closure 类，不管 callback 的参数列表如何变化，都可以用这个类来实现，完美解决了通用性和易用性差的问题。

最后，牛人的代码都是自带风格的。软件工程虽然是工科领域，但新人一定要明白，“Engineering is the art of technology.”（工程是技术的艺术），这里面也有很大的艺术成分，写代码某种程度上也是一种艺术。虽然牛人的代码都清晰、高效、通用，但是他们风格不同，设计也不同，每个人都自己摸索出了一套实现这几点的方法。

这就像书法一样。欧阳询的笔力险峻，颜真卿的端庄，柳公权的瘦挺，赵孟頫的圆润。虽然都是楷书书法，但每个人的特点各不相同。牛人的代码也一样，有的结构设计特别巧妙，有的把功能实现得特别漂亮……

等你看多了代码，一眼就能看出来是谁写的。只要有心，你在学习的过程中，也能慢慢把牛人代码的特色吸收进来。

看过郄小虎老师的经历，相信你已经意识到了阅读优质代码的重要性。那么，怎么找到这样的好代码呢？接下来，陈智峰老师会为你介绍几种值得重点关注的代码。

辨识：什么样的代码值得读

· 陈智峰

在谷歌内部，每个人的代码都是公开的，我会经常去读杰夫・迪恩和桑杰・格玛瓦特的代码，看看他们是怎么写的，然后照着练习。除了公司内部，像 GitHub 这样的开源社区里也有不少优秀的软件工程师。每个新人都可以为自己找几个

“标杆”，长期阅读他们的代码，把他们当作榜样去学习。

当然，在阅读别人的代码时，也不要眉毛胡子一把抓，有几类代码值得重点关注。

第一，被反复使用的代码。如果你读了很多代码，发现不同的项目都在调用同一个函数，就要重点研究，看看它好在哪里——大家都在用的东西往往是标杆。

第二，穿越时间的代码。如果一段代码用了 10 年、15 年都没被淘汰，说明它的设计思想很棒。建议你关注这类代码的演进过程，尤其是它最早的版本，最早的版本往往反映了最核心的设计思想。

第三，好调试的代码。调试代码也是观察、学习、长经验的过程，如果有些代码你调起来非常顺手，大概率是因为写代码的人为你准备好了基础工具，比如代码本身的自说明性、注释、文档等。这时候你要抓紧机会学习，看别人是怎么在早期搭建这些工具的，为以后自己写代码积累经验。

好代码读得越多，你能摸到的门道就越多，真正搞明白的理论、工具和方法也越多，长此以往，你就能快人一步获得成长。

除了读书、读文档、读代码，还有一种特别好的学习方法往往被忽略，那就是跟人学。很多时候，重要的不是你是谁，而是你跟谁在一起。借助身边人的力量学习，也是个人精进的好办法。

启迪：和优秀的人一起工作

· 郄小虎

很多人强调工作中上级的指引，期待有一位技术很牛还愿意带人的上级，能够手把手地教自己。这固然是好的，但在我看来，和厉害的同事一起工作，相互碰撞，博采众长，对一个人的成长帮助更大。

以我自己为例。2003年是我刚进谷歌的第二年，我和三位同事花了一年多的时间，开发出了谷歌广告服务系统Adwords[1]的2.0版本。

回顾这一年的工作，我觉得我基本上完成了软件工程师从新人阶段到进阶阶段的跨越。这个项目开始的时候，我对自己的要求就是写的代码不要出bug。但这个项目做完之后，我已经学会了怎么做取舍和预判、怎么融会贯通。

---

1. Google AdWords已于2018年更名为Google Ads。

和非常厉害的同事一起工作，你会在进阶的路上走得非常快。很多人要花十年时间才能完成的跨越，你可能一年多时间就完成了。

当时我们一个办公室四个人，在项目的一年期内，我们每天在一起互相碰撞交流。我慢慢发现，每个人都有自己的特点：有的人喜欢钻研软件的性能，会千方百计地提高性能；有的人善于拆解问题，拆得特别好……

当时我们团队要解决一个技术难题——面对快速增长的广告数据，急需找到省内存的办法。团队的同事 J 在这方面特别有天赋，他用后缀树这种数据结构解决了内存消耗过大的问题；另一个同事 K 则是把复杂的数据结构从 byte 级别压缩到了 bit 级别。[1] 我从两位同事身上学到了这两招，后来又做了一些优化，解决了另一个重启速度慢的难题。

所以我给新人的建议是，要想方设法和公司里非常优秀的同事一起工作，长此以往，别人身上解决问题的方法和能力，会潜移默化地成为你的一部分。和他们在一起，你基本上不会掉队，还有可能慢慢变成第一梯队的人。

1. 这两种解决方案的展开讨论，参见本书“高手修养”的“探索：尝试不同的解决方案”一文。

搭档：跟身边的人结伴学

· 陈智峰

除了看书、读代码、跟牛人请教之外，新人其实还有一种办法可以用——和身边的同事搭个伴，与其结成搭档，互相学习。这种办法虽然用的人少，却很有效。

我自己就有这么一位搭档，他是我的研究生同学，也是我在谷歌的同事，我们平时主要有两种学习模式——互为磨刀石，互为回音壁。

第一，互为磨刀石。在日常工作中，我写好代码会请他帮我 review，他写了代码我也会帮他 review，我们就这样长期互相挑毛病，毫不避讳地指出对方代码里可能存在的问题。在这个过程中，相互信任非常重要，因为软件工程师大多沉浸在自己的问题里，又不太善于做高情商的表达，一遇到沟通问题，尤其是给代码挑毛病这种事，一句话说不好就容易引发误会。

有了相互信任的伙伴，你就不再需要花费时间和精力去想这句话该怎么说，那封邮件该怎么写之类的问题了，你们之间无须猜疑、有话直说，就算其中一方无意间说了不太客气的话，另一方也能理解并接受，不会放在心上。

第二，互为回音壁。我在谷歌做的是偏研究型的工作，当时我在做Zanzibar[1]这个项目，解决一个问题有好几个方案，想到很多种可能，但我不确定选哪个。这时，我就会找我的搭档讨论，把我的想法讲一遍，和他一起商量。

他不见得会给我一个确定的答案，但讨论的过程能帮我理清思路，可能我自己说着说着就知道该怎么办了。在做工程的时候，你特别需要有个这样的搭档，像回音壁一样给你反馈、帮你梳理。

软件工程师很多时候是单枪匹马在战斗，难免有自己发现不了的问题，也会有陷入迷茫、难以抉择的时刻。如果你身边有一个值得信赖的伙伴，可以作为旁观者帮你指出问题、理清思路，就能免去很多烦恼。反过来，你也可以通过同样的方式帮助对方，两个人搭伴学，双方都能有进步。

问答网站 Quora 上有个问题，问出了很多人的心声："为什么软件工程师跳槽如此频繁？"

世界最大的薪酬统计网站 PayScale 发布的《员工流动率报告》显示，全球财富 500 强企业中，IT 行业的员工流动率是所有行业中最高的。这或许是因为，整个社会对软件工程

1. 谷歌的全球授权系统，提供了统一的数据模型和配置语言，为 YouTube、Google Drive 等提供授权。

师的需求越来越高，软件工程师可以选择的机会比较多，总觉得对当前的工作不满意，所以才会跳来跳去。

但是，跳槽越多就越好吗？怎么判断自己要不要跳槽？我们看看韩磊老师怎么说。

如何判断自己要不要跳槽

· 韩磊

离开一家公司跳到另一家公司工作是一个正常举动，也是一次重大选择。做出这个选择之前，我建议你一定要想清楚自己为什么跳槽。

如果对薪资不满意，你可以先跟直属领导沟通，“我认为以我的能力应该拿更高的薪资”。如果对方做不到，而你的能力也确实值得更好的回报，可以考虑跳槽。

如果这份工作所需的技术不是你未来希望发展的方向，你想换一换；或者你掌握了更厉害的技术，但是这家公司用不到，你希望到更好的平台去施展，也可以考虑跳槽。

如果这份工作所在的城市不符合你对未来生活的规划，比如你跟家人或者未来的另一半商量好，要换个城市生活，也可以考虑跳槽。

总之，跳槽的理由有很多。**关键在于，你得想清楚自**

己的诉求是什么。这也意味着你的下一份工作要满足这个诉求。

我们做任何事情都要考虑投入产出比。不光是钱的问题，还有时间和精力的问题——你花时间、精力在一家公司工作，得到的回报是什么？如果你想清楚了，当前公司给的回报不符合预期，那么可以考虑跳槽。如果目前的状况虽然不符合预期，但有办法改进，那么，原地修炼或许是更好的选择。

很多时候，换游泳池解决不了不会游泳的问题。

说到底，跳槽不是解决问题的唯一方式，它只是一个手段，而不是目的。

恭喜你完成了“新手上路”章节的核心任务，把新手面临的关键挑战逐个预演了一遍。这一路，你不仅克服了入职初期的迷茫，迅速融入团队，还学到了写代码、解bug的关键心法；你不仅领教了高手的学习路径，还学到了判断自己要不要跳槽的方法。

如果把软件工程师的职业成长比作登山，我们正处于接近半山腰的位置。如果你觉得有点累了，不妨在这里休息一下。养足精神，准备开启下个阶段的路程。

CHAPTER 3

第三章 进阶通道

现在你所在的位置是本书第三章——“进阶通道”。

请你继续代入软件工程师的角色，想象自己即将从新手阶段步入进阶阶段。这时候的你已经拥有了 3 ～ 5 年的工作经验，可以应对绝大多数执行类任务了。但是，要想在软件工程师这条路上继续往前走，只会执行任务还不够，你需要变得更加独立。

为了完成这个目标，请关注两个关键词：“精进”和“选择”。

为什么要关注这两个词？其实它们指向了你在进阶之路上绕不开的两大难题：第一，手艺如何精进？第二，路线如何选择，是走管理路线，还是专家路线？

在解决这两大难题的过程中，你将收获多重体验。比如：你会看到，整个软件开发链条上有哪些关键节点，完成每个节点的技术要领分别是什么。你还会在一个关键的分岔路口，体验向左走还是向右走的彷徨。

“进阶通道”这一章，就是要把行业前辈走过的进阶之路、探索之路，带你演练一遍。

◎手艺上的精进

如果说新手阶段的工作重点是执行任务——上级告诉你任务是什么、要完成什么目标、一步一步怎么做，你按计划完成就好；那么到了进阶阶段，你的工作重点就是独立分析需求、独立设计程序、独立发布程序。遇到问题，没有人会告诉你解决步骤，你得主动想办法解决。

这个阶段，你需要提升的能力有很多，其中最基本、最核心的能力至少有4种：需求分析能力、程序设计能力、技术调研能力和风险控制能力。

下面我们就从如何提升这4种能力出发，逐个击破，精进手艺。

如何分析需求，明确模糊不清的问题

· 韩磊

设计程序前，软件工程师必须先分析需求，这就需要你和产品经理做好充分的沟通。

你可能听过一些笑话，大意是软件工程师因为产品经理提出了不合理的需求而抓狂。比如，产品经理希望用户 App 的主题颜色可以根据手机壳的颜色自动调整，软件工程师听罢跟他大打出手……

很多时候，软件工程师接到的不是普遍意义上的“需求”。什么是普遍意义上的需求？就是我们从客户或用户那里获得的，他们对软件功能的预期。比如，客户说我需要“登录”功能，那么产品经理一般不会只把“登录”这件事作为需求提给软件工程师，而是先把用户登录可能涉及的所有路径用流程图描述出来，然后画框图（也就是软件界面的草图），请设计师据此做出界面，最后用文字描述，形成需求文档，一起提给软件工程师。

所以，通常我们看到的一些笑话也好，说法也好，其实夸大了产品经理和软件工程师之间的矛盾，很多甚至是业内人士对自己所从事职业的自嘲。

当然你可能会问：产品经理会不会提出一些模糊的需求呢？这种情况是普遍存在的，特别是在产品经理经验不够丰富，或者项目时间紧，产品经理没时间去画图、写需求文档的时候。可以说，出于各种原因，软件工程师一定会接到模糊的需求。这时候你要关注哪些问题呢？

第一，你要关注所有可能的输入。例如，“输入用户名和密码登录”，就是一个模糊需求。要知道，面对一个输入框，用户可能会输入任何内容。因此我们要关注用户名和密码的限制是什么，比如用户名不允许特殊字符、密码必须有特殊字符等。

一般来说，业界有成熟的方法，也就是需求规格说明书和产品设计说明书，列出所有需求，分解为界面上的元素及元素之间的交互，以“流程”的形式列出所有可能性——这就是产品经理要做的事。如果你发现跟你对接的产品经理没有做好上述准备工作，你就要通过追问等方式，拿到更明晰的需求。

第二，你要关注所有可能的用户交互。除了可能输入任何内容，用户还可能点击页面或App上的所有位置。也就是说，用户不会按我们预想的途径做动作。所以你需要关注这些动作会引起什么样的后果。比如，页面上有一个后退按钮，用户按了按钮会怎么样？页面上有一个前进按钮，用户按了会怎么样？类似这样的交互问题还有很多。你一定要请产品经理把所有可能的输入、预期的输出，以及输出不达预期时要做的进一步处理，一一描述清楚。

如果没有清晰的描述，就可能出问题。比如，当用户输入密码错误时，系统应该显示什么提示？如果产品经理说，提示“密码错误”，那么就会有安全隐患。因为这意味着操作者可以据此猜到，他之前输入的用户名是正确的。假设对方是个攻击者，他输入了用户名“hanlei”，然后乱输密码，我们提示他“密码错误”，那么他就能猜到，你的用户里有个人的用户名是“hanlei”。所以，正确的提示应该是“用户名或密码错误”，这样他就猜不到了。

类似这样的问题还有很多。还是上面那个例子，如果攻击者知道了系统里有个用户名是“hanlei”，那么紧接着他就有可能通过某个程序，用穷举法输入不同的密码攻破系统。所以，一个成熟的产品经理一定会限制用户的登录次数。如果再往深了想，即使限制用户登录次数，这仍然可能是一个不安全的系统。因为如果攻击者通过某种途径拿到某网站的用户名、密码数据库，按照社会工程学的理论，这些用户名和密码极有可能在其他网站上也一样——很多人习惯在不同网站上使用相同的用户名和密码。所以，一个比较严密的产品设计会定期提示用户修改密码。

你看，产品设计这件事，想得越多，里面的水就越深。作为软件工程师，你一方面要在技术上做好防范，比如防止SQL注入或HTML代码注入；另一方面，你也有责任发现并提醒产品需求里的漏洞，不断给产品经理反馈、和产品经理讨论。

前面我们讲了面对模糊需求，软件工程师要特别注意的两个方面。接下来我们聊聊除了模糊需求之外，另一种值得关注的需求——错误需求。

什么是错误需求？就是用现有的技术还实现不了，或者前后矛盾的需求。以后者为例，如果仔细分析你会发现，有的需求的逻辑是前后矛盾的。

前段时间我看到一个真实案例，就属于典型的逻辑矛盾。某品牌汽车的屏幕上安装了智能应用，要求用户使用智能应用前先登录。登录没什么特别的，我们在手机上也常常见到需要登录的应用。而且，现在的手机软件通常支持面容登录，也就是人脸识别登录。同样的道理，这款汽车的某个智能应用也支持面容登录。这就意味着用户登录或者安装此应用的新版本时，需要做人脸验证，以证明他可以合法使用软件。

看起来完全没问题吧？

可是这个应用的产品经理设计登录功能的时候，忘记了汽车内部是没有摄像头的。摄像头在哪里？在车身右侧一个靠近地面的地方。也就是说，用户要想登录或安装应用，就必须趴到车外面、对着摄像头扫脸，才有可能实现。而且用户还不知道是识别对了还是错了，因为他在车外，而显示屏在车内。这就是一个产品设计错误。看起来离谱，却是现实存在的情况，一位汽车用户专门发视频反馈了这个问题。

这个案例提醒我们，一方面，产品经理做设计的时候，心里要装着用户，要想到这个功能用户要怎么用；另一方面，软件工程师也要尽到自己的责任，提醒产品设计人员，某个需求在逻辑上存在错误。

分析好需求，下一步就要着手做设计了。请注意，提升程序设计能力，是你在进阶阶段要关注的重中之重，所以这个问题之下的内容会比较多。我们邀请几位行业高手从不同角度分享了他们各自设计程序的心法，希望对你有启发。

如何谋篇布局，做好程序设计

构建：设计程序就像写文章

· 郄小虎

很多年轻的软件工程师一到设计程序的环节就有点摸不着头脑，感觉要驾驭一个程序太难了。但其实设计程序并不难，它有点像我们写文章。

写文章时，我给你一个命题，你来构思文章结构怎么搭，分几个段落，每个段落表达什么主题，它们之间如何承接。设计程序也一样。一个需求来了，你要考虑怎么把它用程序实现出来，一个程序分成几个不同的模块，每个模块干什么，它们之间怎样协同配合。

所以，你在考虑程序设计的重点时，就想想平常是怎么写文章的吧。写文章最重要的是你要把从开篇到结尾的每一步都想到，不遗漏任何一个方面。设计程序也是如此，软件工程师必须考虑到整个系统的方方面面，从框架到模块到细节。一旦软件工程师缺少全面思考问题的能力，漏掉某些方面，就会出问题。

同样，写文章时，你得知道这篇文章的核心主张是什么，所有的谋篇布局都围绕这个主张来。如果没有围绕核心主张展开，整篇文章看似说了很多，但什么也没说透。而软件工程师在设计程序时，也要围绕需要解决的核心问题展开，如果最核心的地方做得不够好，就算把整个系统搭建起来了，只要没法解决问题，它就是一个失败的设计。

可以看到，软件工程师设计程序更多需要的是谋篇布局，还有思考、总结的能力。在新人阶段，你更多的是不停地做；而到这个阶段，你就要有一定的独立思考的能力。别人只给你一个问题，你要给出合理的、科学的解决方案。

核心：设计需要抽象能力

· 韩磊

要想设计一个好程序，抽象是一种必不可少的能力。但很多人搞不清楚抽象是怎么回事，于是也就意识不到它的重要性。

所谓抽象，就是要找到一种通用的方法或规则，让大家在这套方法或规则下工作，避免重复劳动。

举例来说，我们日常见到的许多连锁餐厅，尤其是工业化的连锁餐厅，大概率会有一个中央厨房，这个中央厨房就相当于一种抽象。为什么这么说？因为中央厨房会把买菜、洗菜、择菜、切菜、配菜的过程抽象出来，统一在一个地方完成。而每家连锁餐厅只需要从中央厨房拿到半成品，最后再做一道加热工艺就好，不必一家一家地参与做菜的所有流程，大大提升了生产效率。这就是抽象，以及抽象的力量。

为什么抽象能力对软件工程师来说很重要呢？简单来说，**抽象能力不足，软件工程师就无法将需求 / 功能的要求转换成安全、高效、可靠的软件架构。**

例如，移动互联网刚刚兴起的时候，有一种常见的应用，可以让人在 iPad 或手机上看杂志。我们知道，杂志分栏目，比如一本杂志分为 10 个栏目，每个栏目下又有几篇文章。我曾看到有软件工程师是这样写杂志应用的：他为每个栏目都写了一个页面。这就意味着，杂志有多少个栏目，他就要写多少个页面；每当杂志新增一个栏目，他就得再写一个新页面。这属于典型的没有做进一步抽象的例子。

我们仔细分析栏目就会知道，它们是有共性的。这些共性包括：每个栏目都有小刊头，栏目里的每篇文章都有标题，标题下面可能有副标题、作者、编辑、提要、正文、配图，等等。这时候软件工程师应该做什么呢？我们应该做的，不是为多个栏目写多个页面，而是让所有栏目共用一个页面。具体来说，我们需要把共性的部分归纳出来，做进一步的抽象，然后根据抽象的结果去设计软件架构。

抽象能力之所以重要，还有一个重要原因。现代编程，可以说现在大多数软件工程师接触的编程，叫作“面向对象编程”。而面向对象编程本身就是一件和抽象极其有关的事情——我们编程的时候，得先把物理世界抽象成一种模型世界，或者类型世界才行。

例如，要设计一套车管所系统，我们就得把要管理的车辆分为许多类型，抽象成类，也许最顶层是 vehicle（机动车），底下有 car（轿车）、truck（卡车）、motorcycle（摩托车）等类型。其实这个过程就是把市面上各种品牌的车做了一下分类，再把每个类抽离出来，这就是一种抽象。如果不做这一步抽象，你就必须为每一个品牌的每一款车去设计一些东西，也就意味着在数据库里，你要为每一款车写一个表，每个表里都包括品牌、发动机排量、编号等字段。这会大大增加工作量。

总而言之，在设计程序的过程中，软件工程师需要运用抽象能力做需求分析和需求拆解。只有做好抽象这一步，你才有可能把需求转化成安全、高效、可靠的软件架构。

上面说到的是程序设计的心法，以及设计时需要用到的抽象能力。那从操作层面看，具体怎么实施设计呢？通常来说，程序设计分为两个主要环节：原型设计和架构设计。

原型设计一般是面向用户的，相当于提前打个样。这个原型里可以完全没有代码，只是一个简单的演示，比如它可以演示一个订餐系统的界面长什么样，优惠券在哪儿领，商品怎么分类，怎么加购物车，等等。既然很多东西说不清楚，那就先做原型出来，让大家有个讨论的基础。所以，原型设计本质上是为了让一些模糊的问题变清楚。

架构设计一般是面向开发人员的，相当于一份详细的施工蓝图。它包括概要设计和详细设计。做架构设计的人需要做好抽象和分解，画出整个程序的流程图，明确程序由哪些模块组成，它们之间是什么逻辑关系，等等。

接下来我们就看看，在原型设计和架构设计两个环节中，行业高手总结了哪些经验教训。

原型设计 1：从最难的做起

· 鲁鹏俊

很多人做原型设计喜欢从头做起，其实那些你心里已经有谱的东西并不是原型设计的重点，我的建议是：**先做最难的部分，这样既能提早发现问题，又能节省开发时间。**

我之前在谷歌工作的时候，每周二和周四有设计评审会，每个团队有什么新的改动，都要接受公司里段位非常高的人的评审，接受评审的人一定要准备得非常充分才行。基于这个背景，我们那时候做原型设计一定会挑技术难度最大、最重要的一个，把它实现出来。等把最难的部分实现了，自己觉得大概率没什么问题了，才会把设计文档交到评审会上去。

为什么要挑难度最大的先做呢？因为一旦你把最难的问题解决了，主要的问题就解决了，整个设计就没什么大的障碍了，这时你对项目的信心和成就感也就建立起来了。

举个例子。我们团队当时设计了一个搜索程序，那时世界上还没有一个搜索引擎能实现正则表达式（一种字符串匹配的模式）的搜索。我们在做原型设计的时候率先把这个问题解决了，用一段新的代码替换了谷歌搜索原来的代码。这是整个项目的难点，原型设计阶段解决这个问题之后，后期整个项目的推进就非常顺利了。

当然，如果你对最难的部分做了评估，觉得以当下的技术和人员难以攻克，那么整个项目可能就要往后放一放，不必过多地投入时间。

原型设计 2：原型设计的关键是接口

· 陈智峰

说到原型设计，很多软件工程师特别关注功能的完备性，首先考虑要实现哪些功能。**但原型设计最根本的不是实现功能，而是注重接口。**

为什么这么说？因为接口设计的好坏直接决定了整个项目设计的好坏。我在“新手上路”部分讲过，接口相当于一种协议，如果一个接口没有设计好，就会导致原型经常性地改变。比如，因为其中的一个子模块接口出现问题，导致要调整项目的整体设计，这样相当于重新设计，是非常糟糕的后果。所以，在原型设计中，接口设计是重中之重。然而，很多软件工程师总是过度关注实现细节，所以他们往往局部代码写得不错，整体设计却不理想。这点需要在进阶阶段多多注意。

那怎么才能做出好的接口设计呢？我的建议是前后多想

几步。举个例子。如果你的项目在第一步，你就要考虑以后可能会做第二步或者第三步，当前的接口设计能不能满足后续的开发要求；而当你做第二步或第三步的时候，假设有个方案A，你一方面要考虑方案A能不能跟已有接口匹配，会不会对已有接口产生不好的影响；另一方面，还要考虑方案A会不会在第四步、第五步的时候导致什么问题。无论是往前还是往后，你想得越远，接口的稳定性就越好。

在每个选择的节点，你可能会面临两种场景：

一种是当前方案遇到了问题，这个问题没办法绕过去——那就要退回原本的原型设计，确认其他解决方案是否可行；

另一种是现在还不能确认当前方案对其他步骤的影响，但是你根据整体的设计判断，将来不管是第四步还是第五步，大概率都有应对的解决方案——那就执行你的方案。

总的来说，当你做原型设计时，一定要关注接口设计；当你做接口设计时，要有更多的考量，想一想每个阶段可能会调用哪些接口、每个接口需要哪些字段、怎样定义数据，等等。只有把这些问题想清楚，才能避免不确定因素对项目整体的影响。

架构设计 1：分而治之，理清思路

· 鲁鹏俊

“架构设计”这个词给人的感觉似乎很高深，很多人不知道从哪里入手，其实只要掌握一个思想，你的思路就能清晰起来，那就是分而治之。

架构设计是什么？简单来说，就是把需求进行抽象和分解。作为设计架构的人，你首先要知道怎样把同类型的内容抽象出来，其次还得知道实现目标要分成哪些步骤，以及怎么从大的步骤里切出小模块（设计模式）。

举个简单的例子。假设我们的需求是从海量视频里选出 20 个短视频来显示，那么你就得好好思考一下：视频那么多，具体选出哪 20 个短视频呢？这里有一个很重要的内容叫作“扩召回”，它有很多方法来选择，可以根据用户的兴趣（method1），也可以根据用户点击频次（method2），还可以用协同过滤的方法（method3）……抽象就是把每一个方法实现到一个类里，再把所有这些类抽象成一个接口，比如 GetMore。

选出视频后，你需要一个推荐模块，负责给出 20 个视频的 ID。

收到每一个 ID 之后，对应的视频内容从哪里来？这时候你需要一个存储模块，存放所有的视频数据。

拿到视频内容后，怎么显示给用户？这时候你需要一个显示模块，直接面向所有用户。

这样一来，推荐、存储、显示三个大的模块就分出来了。再往下你还可以细分出很多子模块，比如把显示模块分成播放、快进、点赞等子模块，从大到小一层层分下去，这就是分而治之。

划分模块时需要遵循“高内聚，低耦合”原则——每个模块高度内聚，模块和模块之间要解耦。内聚是说相似的东西要放在一块，解耦是说两个很不一样的东西要尽量分开。

做架构设计之所以要分而治之，并采用“高内聚，低耦合”原则，是因为这样会带来两方面的好处：第一，有利于理清思路，让设计变得清晰；第二，有利于团队分工，让每个人做自己擅长的事情，各自负责不同的模块，而不会相互扯皮。

做架构分析很考验一个软件工程师的功力。现实中有些软件工程师连流程图都不会画，就是因为根本没想明白自己想做什么。

上面只是举了一个简单的例子，如果你对架构设计感兴趣，可以去读一本很经典的书——《设计模式：可复用面向对象软件的基础》。

架构设计 2：考虑异常情况和极限情况

· 陈智峰

架构设计是软件设计中非常重要的一部分，它是连接需求分析和设计开发的环节。可以说，架构设计的好坏直接决定软件开发项目的成败。

通常情况下，高效性、复用性、可维护性、灵活性都是比较基本的好的框架设计要求，此处不赘述。在我看来，不管是你自己设计，还是看别人的设计，一定要关注下面两个问题。

第一，考虑系统的异常情况。我们必须假设任何环节都会出问题，都会有异常情况，并基于这种假设去做更周全的架构设计。我们需要知道每种异常情况出现后应该怎么解决，比如宕机了怎么办，断电了怎么办，光纤被挖断了怎么办……

第二，考虑系统的极限情况。我们做一个系统，就要提前考虑这个系统最大能承受多大的流量；出现一些极限情况时，系统会怎么反应。比如说阿里巴巴每年“双十一”，对后台系统要求非常高。平常情况下系统行为是什么样的，突然来一个高峰时，行为又是什么样的？这些都需要提前搞清楚。

很多时候，架构设计跟工程方面的设计很像。以前我上学的时候，教系统架构的老师就讲过土木工程方面的两个例子——如果你造飞机，需要把模型放到风洞实验室，测试飞机在强风情况下是否会解体；如果你造桥，需要设想当桥经受两倍或者三倍于最大载荷的重量时，它能不能承受。

读了这么久，我们放松一下。说几个软件工程师一听就懂的“黑话”，你猜猜是什么意思。

比如，软件工程师说，“这个bug没问题啊，你再试试”，那他可能刚刚偷偷改完bug；再比如，他说“别人家的实现方式不一样”，那他的意思可能是“我不会做”。

是不是很有画面感？在这里，我们重点关注最后一句——“别人家的实现方式不一样”。软件工程师这么说，通常意味着别人家使用的技术超出了他本人，甚至全公司的经验范畴。这时候该怎么办？去做技术调研。

所谓技术调研，指的是软件工程师去业内了解类似问题的解决方案，然后根据自身情况选定关键技术，确认这些关键技术能不能跑通。

这种技术调研能力，也是你在进阶阶段需要重点提升的一项能力。

如何开展调研，找到最优技术方案

· 鲁鹏俊

技术团队经常会接到一些以前没做过的需求，不太确定实现细节，这时候就需要做技术调研，看看同样或类似的需求在业内有没有被实现过，分析不同方案的优缺点，得出结论，做出决策。

如果你去网上查“如何做好技术调研”，会得到很多实用的建议，比如要充分理解需求、尽可能搜集资料、合理安排时间，等等。这些建议都很好，也比较容易理解，这里不做赘述。我自己做技术调研总结了两个心得，分享给你。

第一，调研做得好不好，和软件工程师阅读代码的能力相关。同样是做调研，有的人做得又快又好，有的人很长时间都理不出头绪，其中的差距在于阅读代码的能力。代码读得越快，意味着你搜索能力越强，越能快速定位自己想要的东西。一般我们做调研都是带着问题去的，面对别人写好的代码方案，如果你读代码的能力强，读几段就能知道大概是什么意思，以及哪个地方跟你的问题相关，然后直接跳到相关地方，不用一行一行地去找，这就大大提升了调研效率。

这里顺便提一下，阅读代码的能力是需要慢慢培养的，我一开始也不擅长读代码，后来研究生毕业的时候，我做了一个中文分词相关的毕业设计，当时用了中科院的一个开源系统。为了弄清楚中文分词是怎么做的，我从头到尾把它的所有代码读了一遍，并且边读边记——这个类是干什么的，那个功能有什么用，并把它们一一记下来。

我先是一块一块地读，最后把笔记拼到一个大图里，然后一下子就有了整体感，理解了中文分词原来是这么做的。读代码是一个从小到大的过程，需要逐步积累。而一旦你有意识地培养这种能力，以后就能越读越快。

第二，分析优缺点，结合场景才有效。做技术调研会涉及分析不同方案的优缺点，这时候需要注意，分析优缺点不能泛泛而谈，而是要结合实际场景。为什么要强调场景？因为优缺点只有在场景下才成立，如果缺少场景，就只有特点，没有优缺点。比如一辆车很贵，配置也不高，那么“贵”就是它的缺点吗？不一定，得看场景。如果是土豪为了炫富，贵就是优点；如果是普通人以实用为目的，贵就是缺点。回到技术调研上来，我们的实际场景就是公司的现状，这一点很容易被忽略。

到这里，你已经看过了行业前辈有关如何提升需求分析能力、程序设计能力、技术调研能力的分享。除此之外，你还要着重提升一种能力——风险控制能力。

关于如何控制风险，鲁鹏俊老师非常在行。接下来，他会从三个方面出发分享自己的心得。这三个方面分别是：流程管控、内部验证、监控和压测。我们一起来看看。

如何控制风险，避免发布前后出现意外

管控：用火车头模式避免研发延期

· 鲁鹏俊

在技术团队里，研发 delay（延期）是一个长期以来的痛点。很多人觉得，计划赶不上变化，从接到需求到最终实现有太多不确定因素，很难做到按时发布。其实只要找到合适的研发模式，就能很好地避免 delay。这套模式就是我们团队正在使用的火车头模式。

什么是火车头模式（见图 3-1）？我们通常以三周为一个周期规划需求，一个需求从提出开始，三周后必须发车（上线）。与此同时，每周都会有一个版本发出去，相当于每周发一趟车。这周发的车，实现的是三周前的需求；下周发的实现的是两周前的需求；下下周发的实现的就是一周前的需求。以此类推，需求是并行着实现的。

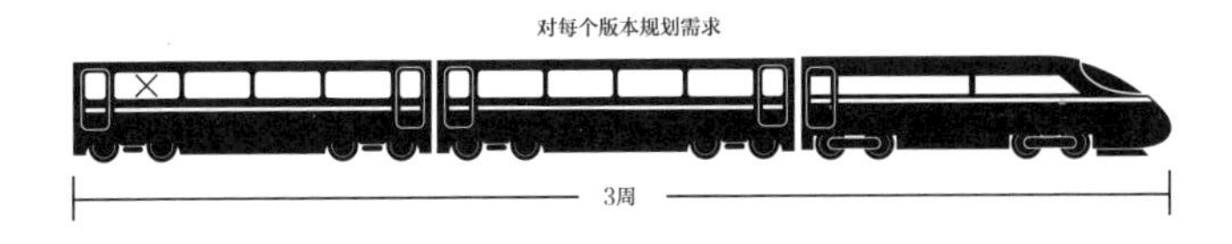

图 3-1 火车头模式

我们会把每个需求看成车厢内对应的座位，同时每个需求都会有一个 flag（相当于单个座位的开关）控制。这么做的目的是保证火车不 delay，三周时间到了必须发出去，不会因为某些需求没有做好就 delay 所有的需求。

具体来说，如果在第一周的版本里（见图 3-2），“需求 5”由于本身的复杂度或者开发不够成熟等原因未能实现，那在发车时，我们就把这个需求的开关关掉（意思是这个需求的代码基本上对外不可见了）。假设这班车总共有 10 个需求，其中 1 个需求完成不了，我们不会因为这 1 个需求 delay 所有的需求。

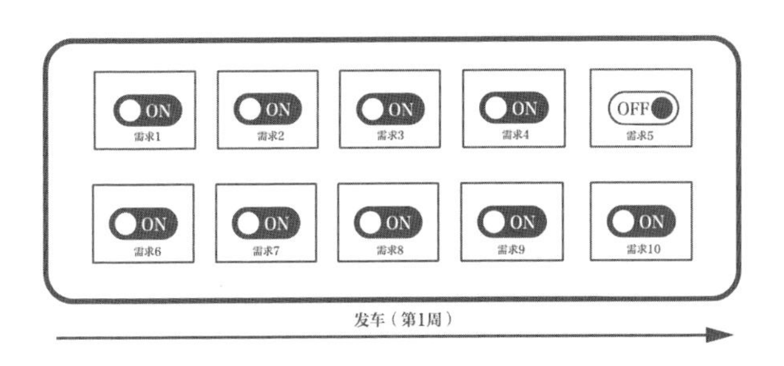

图 3-2 火车头模式下第一周的开发进度

因为每周都有一趟火车发出，如果你的需求在第一周上不了线，可以放到下一周要发的版本里。在下一周把 flag 打开，你就可以上车。也许下一周就是 11 个需求发出去了——虽然最开始规划的是 10 个，但还有一个需求是从上一周 delay 到第二周的（见图 3–3）。

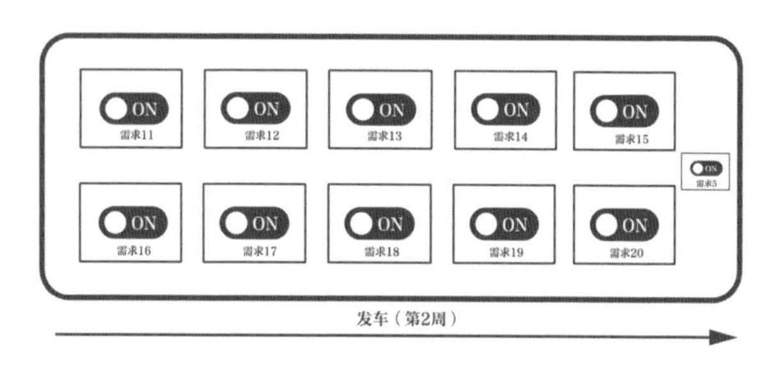

图 3–3　火车头模式下第二周的开发进度

在整个项目里，火车头模式能有效提升开发效率，是控制流程的重要方式。当然，不同公司可能管控方式不一样，你可以多看、多学、多借鉴。

验证：做 A/B test，用数据说话

· 鲁鹏俊

很多技术团队有一个痛点：好不容易开发出来的程序，发布后效果并不好。是前期的研发工作出问题了吗？不一

定。很可能是因为没做 A/B test（AB 测试）。

A/B test 是我们发 App 时，测试新增需求效果好坏的一个利器。如图 3–4 所示，我们会用增加了新需求的版本 A 和没有增加新需求的版本 B，测试用户的不同反应。比如，App 要从 2.5 版本更新到 2.6 版本，我们一开始不会让所有人都更新，而是会只放开 20% 的更新权限。在这 20% 的用户里，可能会有一半完成更新，那么我们就以这些用户为对象仔细观察：

1. 新增需求会不会损害既有流程，比如会不会导致崩溃、内存泄漏等？

2. 如果不会损害流程，是否存在其他问题，比如新增功能本身不好用等？

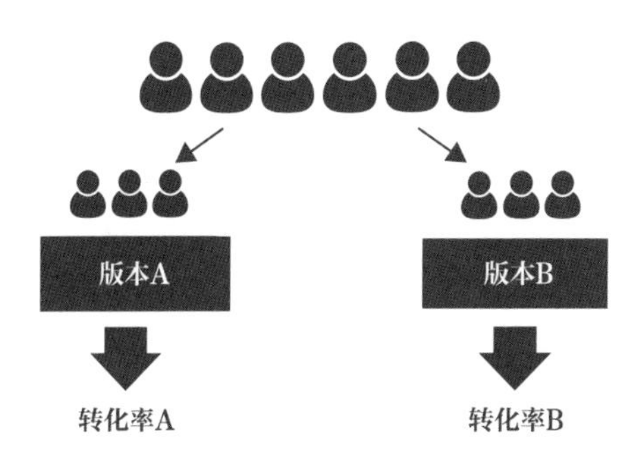

图 3–4　A/B test

A/B test 在上线过程中很重要。如果发现没有问题，我们就会把需求都发出去；如果有的需求发生崩溃，我们就会把崩溃对应的需求开关关掉，也就是在线上屏蔽掉。虽然有崩溃，但最终是不可见的。

对于每一个具体的需求，我们都可以做 A/B test，通过流量分层去测试——激进一点可以开放给 50% 的用户，不激进就开放给 20% ～ 30% 的用户——测试后我们会看到 A/B test 的结果及数据，通过数据判断新版本的留存率会不会涨，如果是涨的就可以放心，然后按照流程正式发版。

防护：上线前做好监控与压测

· 鲁鹏俊

等到所有开发工作完成，还不能立即上线。上线前有两件事必须做完，一件是监控打磨，另一件是压力测试。

首先是监控打磨。在我看来，如果一个架构师不怎么建监控，那他肯定水平不怎么样。因为监控会直接反映系统问题，帮你快速定位 bug。我曾经用建监控的方式发现了某个系统的上千个 bug。具体怎么建监控呢？

先建一个测试环境，然后把整个系统分成若干部分，接下来在每个部分里建立指标。以音视频数据的传播为例，数据从 A 点传到 B 点，大致分 3 个过程：从主播端传到接入服务器的过程；从接入服务器传到服务器另一端，也就是核心网的过程；从核心网传到观众端的过程。

假设你在一开始就以这三个过程的延时时间为指标，那么当你跑数据的时候，监控会把延时时间记录下来。如果程序跑着跑着，你突然发现有一个 peak（峰值）——正常延时 500 毫秒，程序突然产生了一个 1 分钟的延时，你就要搞清楚这是为什么。

为了找到答案，你需要打点，比如一个程序里有 X、Y 两点，从 X 点到 Y 点用了 1 分钟，但你不知道这 1 分钟是在哪个地方用的，那么你可以在这个程序里打 10 个点，弄清楚每两个点之间用了多长时间，然后就能定位哪个地方可能有问题。

监控实际上是一个闭环（见图 3-5）。针对你的设计会有一个监控程序，有很多的测试用例，也就是我们常说的 test case，进入到测试环境时，你就不断地在上面加各种各样的 test case。

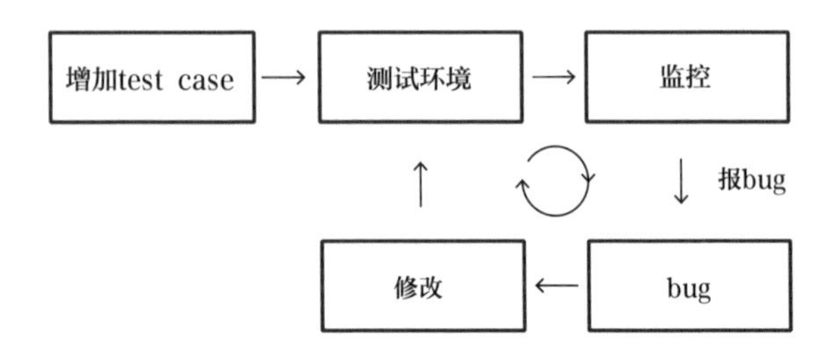

图 3-5　监控形成的闭环

设计在测试环境跑起来之后，你的监控上会有各种各样的指标，发现问题自动报 bug，报出的 bug 自动进入 bug 系统。工程师可以修改 bug，然后把修改完的代码再次提交到测试环境里去，让它在里面不停地迭代。这么一来很快就能把 bug 修好，你的监控也会很快地建立起来。

有了监控之后，还需要做压力测试。比如，现在你的系统流量是 100qps，如果流量变成 1000qps，这个系统还能不能扛得住？做压力测试一般可以上 10 倍的压力。如果经受住压力测试，说明这个系统没什么问题，这样才能正式发布。

◎分岔路的选择

还记得“进阶通道”开篇提到的两个关键词吗？

一个是“精进”，另一个是“选择”。在看完“精进”部分的内容后，接下来我们把目光聚焦在“选择”上。

如果你关注软件工程师的各大论坛就会发现，“做技术还是做管理”“35岁了还不管人，是不是就晚了”“天天熬夜敲代码有没有前途”这类问题被讨论得非常多。这是因为，每个软件工程师到了这个阶段，都会面临一个二选一的选择：是走技术管理路线，还是走技术专家路线？这是一道重要的分水岭，很多软件工程师为此纠结不已。

好消息是，因为这是一场模拟预演，所以你有机会同时尝试两条路线。

向左走，你会知道如何成为一名优秀的技术管理者。这里面的门道有很多。

向右走，你会知道如何成为一名优秀的技术型专家。这里面的要点可迁移。

入行三五年，走管理路线，还是专家路线

抉择：你究竟适合哪条路线

· 韩磊

做软件工程师三五年之后，很多人会面临一个选择：要不要当一个小团队的主管？这个选择的背后，其实是你对未来发展路线的判断：我将来是走管理路线，还是专家路线？

所谓专家路线，指的是在特定技术领域深入探索和研究，不涉及管理工作；而管理路线更侧重统筹团队完成一个个开发项目。

很多新人觉得，选路线这件事离自己很远，到时候再想也不迟。但其实，**等真的走到了分岔路口，往哪边走不一定是你选的，你可能是被选的。**

比如，一个人为什么能做一个小团队的主管？因为他在平时的工作中体现出了领导才能。任何一个决策者都不可能等到三五年之后跑去问每个人你想不想做管理。他们会观

察，在一个小组里，谁平时的威望建设得比较好，同时技术能力比较强，跟人打交道比较和谐，安排事情的能力也不错。这样的人会被列入候选人名单，被认为是值得培养的管理人才。

所以，从决策者的角度看，判断一个人未来走什么路线，不是拍脑袋决定的，而是长期观察得出的。所以，要想掌握主动权，你得提早思考这个问题，判断自己适合走什么路线，然后在日常工作中，有意识地培养和展现相应路线所需的能力。

那么，什么样的人适合走专家路线，什么样的人适合走管理路线呢？

根据我的观察，有的软件工程师对技术很“沉迷”，对协调人和人之间的工作没兴趣。如果你是这样的人，那就专心钻研技术，为走专家路线做准备。这里需要注意的是，你得有把某个技术领域搞透的热情和能力。

有的软件工程师很愿意协调人和人之间的工作，在学生阶段就做过学生干部（不是决定性因素），而且技术水平不错，做事有条理。如果你是这样的人，可以试试管理路线。管人其实是一件挺“烦”的事。如果你愿意管人，抓住合适的机会，也许就真的开始管人了——一开始可能只管 3 个人、5 个人，再往后就能管 8 个人、10 个人、20 人、30 人，甚至更多。

对于想走管理路线的新人，我有一个观察分享给你。什么样的人能走上管理岗位？是那些总能帮上级把事情搞定的人。管理这件事，自上而下，公司有愿景、年度目标、半年目标，层层分解，到编程层面也会有具体的任务。谁能帮上级搞定这些任务，谁就是潜在的管理者。

总之，**不管是技术专家还是技术管理者，都不是瞬时显现的，而是慢慢涌现的。**建议你提早思考路线选择的问题，规划好自己未来的发展路线。

省视：看清自己的能力所在

· 韩磊

我们常常听到一句话，叫“兴趣是最好的老师”。遗憾的是，在这个世界上，找到一份自己真正感兴趣的工作并不容易。在所有职业里，软件工程师非常幸运，他们大部分都是因为对编程和软件开发感兴趣才入行的，因此也相对幸福。

但是，当你发展到一定阶段，当纯技术工作需要越来越底层能力，也越来越难以通过后天习得的时候，你可能要面临一个艰难的选择：是做自己喜欢的事，还是做自己擅长的事？

我自己是个活生生的例子。我目前做的是技术管理工作，但做管理并不是我喜欢的事，这可能有点出乎你的意料。其实，我挺不愿意管人的，只不过我的技能体现在管理方面，所以我开始做管理，而且做得似乎还过得去。

从我的经历，你或许能看到一点：**有时候，一个人的兴趣爱好不见得跟他从事的工作100%匹配。**比如，编程是我喜欢的，管理不见得，但管理是我擅长的。这种情况下该怎么选？

从我个人的角度说，我更多考虑的是，首先得安身立命。我曾经思考过前文提到的问题：做自己喜欢的事，还是做自己擅长的事？换句话说，我们在社会上获取回报，是源自兴趣，还是源自能力？如果兼而有之，当然最好。但通常来说，鱼和熊掌不可兼得。我认为，有时候能力比兴趣更重要。

现在外界常常找我做演讲，公司也经常安排我出去演讲。以前在CSDN，2007—2009年，几乎所有活动、会议、沙龙都是我主持。演讲、主持我做得还不错，但其实我并不喜欢上台。

怎么处理这种矛盾？我是这么想的：我有表达能力、演讲能力，我认为这是我的饭碗，它对我很重要，是我安身立命的根本。虽然我的兴趣爱好不在这里，但因为我有这个饭碗，当我把它捧得很稳，并且往里面装入价值更高的菜肴的时候，意味着我能养活我的兴趣爱好。

基于此，我给软件工程师朋友的一个建议是：搞清楚自己的能力所在，先以此为基础，安身立命。

你可能会问：一个人的兴趣和能力不匹配，如何完成自己不感兴趣的工作？这个问题很重要，绝大多数人在职业生涯的不同阶段都会遇到。我的答案是：想办法让自己兴奋起来。

比如说，我不喜欢上台，但如果我在台上讲得好，收获了鲜花和掌声，我就会获得巨大的精神回报。所以，做技术也好，做管理也罢，我们都要努力找到自己的兴奋点。眼里有光，才能越做越好。

如果你选择成为一名技术管理者，那么你马上就要拥有第一支属于自己的团队了。从软件工程师到管理者，这是一次重要的身份转变。以前，你做好自己的事情就可以；现在，你要为整个团队负责。成为技术管理者，你要注意的问题有哪些？想带好团队，你要培养的能力是什么？话不多说，快来看看行业前辈会给你什么样的叮嘱。

如何成为一名优秀的技术管理者

放手：从工程师变成管理者

· 郄小虎

从业务骨干变成管理者之后，很多人容易犯的一个错误是不放手。

我当年刚成为管理者时也是这样。很多时候看到项目就舍不得，看见一个程序就手痒，很想自己上手去做。放给下属去做，觉得他们做得不仅比我慢，也没我好，为什么不自己做呢？技术管理者很容易有这样的个人英雄主义情结。这样做的结果就是，团队带不起来，你还是单兵作战。

那怎么办呢？比较好的办法是，如果实在忍不住，你可以去做一些边缘性的东西，比如数据看板，而不在关键路径上做项目，把核心的功能留给大家去做。

刚成为管理者时，你要按捺住自己的兴趣，要克服和适应工作的变化，要做好思想转变——**之前你想的都是怎么让自己变得更好，现在你要想怎么让其他人变得更好，怎么让**

团队变得更好。你要给团队指导方向，告诉大家哪些该做，哪些不该做，哪些要坚持，并让大家理解这样做的原因，用软件工程师能够理解的方式说服他们。

服众：既要懂技术，又要懂管理

· 韩磊

走技术管理路线需要什么能力？从字面意思我们就能得出答案：一个是技术能力，一个是管理能力。这不是简单的文字拆解游戏，它切中了很多人对技术管理的两大误解。第一，做管理，不懂技术没关系。第二，技术管理，就是在做技术的同时，顺带管管人。

这两种理解为什么不对？我们一个个来看。

误解一，做管理，不懂技术没关系。

在很多行业，一个人哪怕没有专业背景，但只要管理经验足够丰富，就能胜任管理岗的工作。但在软件工程师这一行，只懂管理不懂技术是不行的。没有技术能力，就没法管理技术团队。这主要有两方面的原因。从技术管理者的角度看，如果不懂技术，你势必不知道如何组织团队高效协作。

举个例子，老板说要做绩效考核，怎么考核？假设一个管理者不懂技术，他可能会说，我打算按每人每月写了多少行代码来考核。这就闹笑话了。我们知道，代码行数不能代表代码产出。一个不懂土豆怎么长出来的人，非要指导人家把土豆种在树上，这怎么能行呢？

不仅如此，不懂技术的人做技术管理，还可能被下属欺骗。比如，下属写一个登录页面，明明 1 ～ 3 天就能写完，他却告诉你 9 天才能写完。你不懂，就真被糊弄了。

就像保罗·格雷厄姆说的那样："我偶尔会读到一些文章，讲述如何管理程序员。说实话，其实只要两篇文章就够了。一篇是如果你本人就是程序员，应该如何去管理其他程序员；另一篇则是你本人不是程序员的情况。后一篇文章也许可以浓缩为两个字：放弃。"

从被管理者的角度看，这一行有一个默认规则：你的技术不如我，我是不会服你的。有点像武林之中，你得武功高强，才能领导大家。或者你有相关资历，证明你虽然现在技术上不如一些下属，但经过多年的摸爬滚打，你的经验、眼界胜过他们，这样人家才能接受你的领导。

所以，如果你有意走技术管理这条路线，不要忽视了自身技术能力的提升。本书"进阶通道"之"手艺上的精进"部分，对你同样适用。从事技术管理工作不是脱离了技术，你可能还要从事专业的技术工作，只不过同时肩负着团队负责人的职责而已。

误解二，技术管理，就是在做技术的同时，顺带管管人。

如果你选择走技术管理路线，会有一条大致的晋升路径：组长—主管—部门经理—总监—CTO。这条路径上，每个层级都肩负着两项工作：一项是专业技术工作，一项是管理工作。

其中，管理工作的重要性被大大忽视了。不少技术管理者以“顺带”管人的心态做管理，这件事挺可怕的。要知道，**管理工作不可能顺带完成，作为一门成熟的学科，它需要专门的学习。**

很多已经走上管理岗位的软件工程师没有意识到这一点。他们可能已经做了部门经理，但对管理学的了解接近于零，起码没有有意识地提升自己在这方面的修为，导致他们的管理停留在相对较低的水准上，妨碍了未来的职业晋升。

如果你打算走技术管理路线，我建议你有意识地学习一些编程之外的管理技能，比如跟人打交道的技能。跟人打交道是一件极其复杂的事情。因为人是复杂的生物，每个人都有思想、有需求。他们不会完全按你说的行事，而是有自己的想法和举动，包括反对你的举动。

作为管理者，你不能按照“A是一个好人，B是一个严肃的人，C是一个活泼的人，D是一个内向的人”去把下属归类，然后再管理他们，而是要面对复杂，洞察人性。这是管理最难的部分，也是决定一名技术管理者职业天花板的关键，并非每个人都能做好。

如果你有意走技术管理这条路线，记得拿出专门的时间、精力补上管理这一课。管理和技术是两件完全不同的事情，从技术到管理，你要学习的东西还有很多。

突破：三大思维，搭建全局视角

· 韩磊

想成为优秀的技术管理者，你的目光就不能仅仅盯着写代码了，而是要放眼看看上下游，跳出局部，培养全局视角。在软件工程师这一行，全局视角可以通过三种思维来搭建。

第一种思维是产品思维。技术管理人员越往上走，越需要具备产品思维。因为你这时候的工作不光是写代码了，还要知道代码写出来之后的成果是什么样，促成了产品的哪些改变，以及什么样的产品才是好产品，等等。产品思维是一个成熟的知识体系，有很多社区可以帮助你学习，比如“人人都是产品经理”等。

第二种思维是市场思维。你有很好的技术，做出了产品，但这还不够，因为你的目标是把产品卖出去，转化成效益。很多人做到技术管理岗位，或者出去创业，都容易败在缺乏市场思维上。缺乏市场思维，会导致你太偏重于技术或者产品本身，忽略市场需求，做出自己很满意，但卖不出去的“自嗨型”产品。要想培养市场思维，你可以读读市场方面的经典书籍，研究国内外成功的公司是如何做产品、如何做市场、如何去销售的。

有了产品思维、市场思维，一个人可以成为不错的技术管理者。

还有一种思维最容易被忽视，但它极为重要，那就是财务思维。

技术管理者也要懂会计学，要懂三张财务报表——现金流量表、损益表（利润表）、资产负债表。懂这些有什么用呢？当你带一个三五人的小团队时，可能用处不大。但是当你带三五十人，甚至上百人的时候，你会发现每天的钱如流水一般往外花。

从花钱做研发，到研发成果卖出去变成经济效益，中间一定会有时间差。在这段时间内，如果流水、负债、资产把握不好，你的团队就会入不敷出。长此以往，钱转不起来，这样的团队还能不能存在？那就很危险了。

很多技术管理者对财务问题一无所知，这就相当于他在思考问题的时候，脑子里都缺了一根重要的弦。

比如招聘，一个部门经理觉得活儿干不过来了，直接向公司要人。但是他或许没有考虑过，要人的逻辑是什么。要人的逻辑是：我的团队加一个人，每个月要支付多少钱？每年要支付多少钱？除了工资，隐含的成本有哪些？这个人能不能创造出公司为了雇用他而付出的成本？

再比如技术研发过程中，部门经理组织团队做一个产品，这个产品什么时候能够产生效益？未产生效益期间，谁来为团队成员付工资？这些问题都要用财务思维去思考。

总而言之，技术管理者可以从产品思维、市场思维、财务思维三个角度出发，培养自己的全局意识和管理能力。

成事：把一件事情安排妥当

· 韩磊

前面说，技术管理者不仅要有技术能力，还要培养管理能力；不仅要有技术思维，还要有产品思维、市场思维和财务思维。这些都不是纸上的概念，而是有一个共同且明确的目标——让技术管理者拥有结构性地安排一件事情的能力。

什么叫结构性地安排一件事情？我们想象一个二维坐标，它有一横一纵两个轴。其中，纵轴代表时间，代表你对一件事情的排期；横轴代表资源，代表你对这件事情的资源投入。每做一件事情，要用哪些资源，在哪个时间点达成什么结果，你得做到心中有数。

举个例子。假设我们要发布一个软件的新版本，开发周期 3 个月，有 20 人可以投入到项目里来。那么，这 20 个人怎么分阶段地完成你 3 个月后想拿到的成果？每一周、每一天怎么安排这些人的工作？每个人会不会出现空转现象？每个人和其他人的工作如何衔接？万一某个人遇到意外情况，比如家里有急事或身体不适，怎么填补空缺？团队里每个人来自不同的地方，有不一样的性格和经历，怎么管理他们？这些都是你要考虑的问题。

以上说的还只是研发团队内部的安排，此外还有跨部门的协调。比如，设计部门的排期能排上吗？在设计方案制作的过程中，你怎么安排手上暂时没活儿的研发人员？测试部门的排期能排上吗？甚至你要去项目管理部门找项目经理，去产品部门找产品经理。

除了生产层面的安排，你还要去争取更多支持性资源，比如公司会投入多少成本在这个项目上，你要跟你的上级还有跟财务部门去沟通。客户会投入多少时间、精力、金钱在这个项目上，你也要去跟客户争取。

总而言之，你在一横一纵，时间、资源的坐标上，要协调的事会超乎想象得多。怎样才能练就结构性地安排一件事情的能力呢？唯一的方法就是练习。

练习的第一个重点在于，你得想到尽可能多的可能性。因为这个世界上除了你这个人、你这个团队，还有其他人和其他团队。就像下棋必须有两方一样，管理最起码有十几方，每个方向上的每个人，发生异动的可能性都很大，你有没有能力应对？

有意思的是，做技术管理考验的也是一个人全面思考的能力，它跟写代码时的全面思考是相通的。**写代码要有单元测试，做管理也要有单元测试。**

练习的第二个重点在于表达能力。你要多跟上级交流、

学习，多读与管理、表达相关的书籍。为什么表达如此重要？因为你最终要协调人，你得靠说话和文字去协调他们，如果连话都讲不清楚，想也想不明白，怎么能协调人呢？

如果你选择成为一名技术专家，就意味着你的技术水平必须越来越强。你可能会关心，在提升技术水平的过程中，要注意哪些的问题？要想成为优秀的技术型专家，除了代码，还要关注什么？这些问题，接下来的内容会给你答案。

特别提醒一下，即使你没有选择技术专家这条路线，甚至你根本不是软件工程师，下面的内容或许也能对你有所启发。

如何成为一名优秀的技术专家

钻研：深度、广度、高度

· 韩磊

如果选择走技术专家这条路线，你需要聚焦、聚焦再聚焦的关键词就是“学习”。做好准备，你永远要去钻研、去深挖、去学习。至于学习方法，本书“新手上路”部分提到的学习方法，进阶阶段同样适用。唯一不同的是，到了进阶阶段，学习的深度、广度、高度的重要性会尤为突出。

所谓深度，指的是在某个领域深挖的能力。比如安卓开发，或者音视频编解码的开发，你随便选一个领域挖下去，都有深不见底的知识要学习。这个阶段我想提醒你的是，现在的技术社区里，很多人已经总结过某个领域基础的知识图谱，他们已经把这个领域涉及的各方面知识都整理好了。你可以按图索骥，一个点一个点地去学习。等你把某个领域的知识都研究透了，才称得上有深度。

所谓广度，指的是你得看到这个世界上发生的跟你的专

业领域相关的事情。比如你是做音视频开发的，如果出来一个全球通行的编码新标准，你就必须及时跟上，及时了解和学习。

所谓高度，指的是你的世界观、人生观、价值观。其中，尤其要注意世界观的搭建。这是因为作为软件工程师，你最终在技术上能够取得的成就，是由你的高度决定的。

我们平时看见建筑，只能想到建筑，但有些编程大师就能联想到一个问题：建筑工程的方法能不能用在编程上？这就叫高度。

就我自己而言，我看这个世界的角度是语言。我认为用编程语言写代码，跟用汉语、英语等人类的语言写一本书差不多。不仅如此，管理和销售的工作，在我看来也只是对语言的不同应用而已。所以，语言是我的世界观。

当然，每个人都可以有不同的看待世界的方式，但是你必须找到属于自己的那种方式。换句话说，你要有一套一以贯之的世界观去理解软件，理解代码，理解这个世界。只有高度达到了，你才有可能利用它重新理解自己正在做的事情，也才有可能创造更多有独特价值的事物。

在你成为技术专家的路上，深度、广度、高度缺一不可。最重要的是，你保持一颗不断钻研的心，跟技术做朋友。

在场：理解用户怎样使用你的产品

· 韩磊

一个真正的技术专家，一定不是只会守着屏幕敲代码的人，而是可以理解用户怎么使用产品的人。这就是大家常常说的，**好的软件工程师不光要懂技术，还要懂场景。**

为什么要懂场景？尽管在这方面产品经理要承担更多职责，但并不意味着技术人员就完全不需要考虑了。因为从完成某个产品功能的角度来说，你可能有 10 种技术手段可以选择，而只有理解用户的使用场景，你才能选得好、选得对，设计出最好的技术方案。

举个例子。软件开发中有种防抖技术，可以减轻视频画面的抖动。从技术角度来说，假设用户使用 AR 眼镜采集画面，只要视频流进来，防抖技术就可以根据像素做计算，对视频边缘进行动态裁剪，此后，用户就能得到一个相对稳定的画面。这在技术上是可以实现的。问题是，你在哪个环节加防抖技术？不同场景的需求，会对技术方案产生重要影响。

假设一名侦查员正戴着 AR 眼镜执行一项侦查任务；侦查员后面有一个指挥中心，里面的人也要看这个画面。这时候，软件工程师的考验就来了：你选择在哪个环节做防抖技术？是在画面采集端做，还是在中心服务器做，又或者是在指挥中心的电脑上做?

如果侦查员需要第一时间了解前方数据，数据传输越及时，他的决定就越正确；而指挥中心哪怕延迟 200 毫秒去看，也不会造成太大的影响，那么我们就会选择在画面采集端，也就是侦查员这里做防抖技术。

如果前线不需要及时观看，只是指挥中心需要观看，而且指挥中心只有一台电脑显示画面，那么我们就会直接在那台电脑上做防抖技术。而如果指挥中心有 10 台电脑显示画面，那么我们可能就需要在中心服务器上做防抖技术了。

你看，这就叫不同的使用场景，匹配不同的技术方案。归根结底，软件工程师理解场景，目的是了解用户需求中的合理性，然后考虑如何满足这些合理性。优秀的软件工程师会努力保持“在场”状态，而不是躲在计算机之后。毕竟我们最终的目标是服务人，而不是服务机器。

软件工程师行业有很多流传很广的笑话，都跟产品经理有关。

比如，某产品经理向软件工程师提需求，要求用户 App 的主题颜色能根据手机壳的颜色自动调整。软件工程师按捺不住大打出手，双方谁也不让谁。

再比如，产品经理的三大口头禅：“这个需求很简单”“这个需求很紧急”“这个需求很重要”。而软件工程师会统一回复：“这个需求做不了。”

这些笑话的流传一致说明，软件工程师的一个重要课题，就是处理好和产品经理的关系。不管你选择走技术管理路线，还是技术专家路线，这都是一个绕不开的问题。对此，韩磊老师是怎么看的呢？我们一起来看看。

如何跟产品经理好好说话

· 韩磊

软件工程师和产品经理的沟通，是不是一个突出问题？确实是，但是它被夸大了。我们平时看到的好多笑话和例子，其实都是一些失败的实践。软件工程师和产品经理日常交流的状态不是这样的。实际上，他们是同一个战壕里的战友。

正常状态下，在整个项目的需求收集阶段，产品经理就会介入。他们会写好相关的设计文档，比如概要设计说明书。在这个阶段，软件工程师、UI 设计师、UE 设计师、测试人员已经坐在一起，和产品经理讨论他的设计是否合理了。

等到大家对产品经理的需求、设计达成共识之后，才会进入技术研发阶段，包括架构设计、技术方案选择、写代码，等等。

我们看到很多趣闻说，产品经理突然要求改一个功能，这种情况可能发生；但是在整个过程里，大家更多的姿态是协作和达成共识。毕竟，产品经理的敌人不是软件工程师，软件工程师的敌人也不是产品经理。他们有一个共同的敌人，那就是“目标未达成”。

所以，改个把功能这种事，如果有一个好的流程，不至于升级为产品经理和软件工程师两方的矛盾。当然，不排除有就具体的功能点大吵大闹的情况，但这不是工作的主色调。

所以，作为软件工程师，你要有把产品经理当成战友的意识和姿态，你们是战友，而不是敌人。不过，万一沟通过程中有矛盾和拉扯，该怎么办呢？

我给你一个建议，平心静气地想一想，各自在倾听和表达上是不是存在问题。你可以做一个实践游戏：找一名自己比较熟，也愿意与你共同成长的产品经理，两个人坐下来，就最近一次产品上的分歧做一下回溯。

第一步，把对方的观点写下来或复述一遍。如果写不出来，或者说得不准，就说明当时没有听进对方的话。这一步的目的，是保证你们听懂了彼此的观点——很多问题来自没听懂对方想表达什么。

第二步，替对方找理由。把对方的观点列出来之后，尝试写出或说出这些观点中正确的部分。有时候，你可能认为自己已经听进去了，但是仍然不认同对方的观点。这时候不能排除你忽略了他观点中对的部分。为对方找理由的过程，就是为了看看他为什么那样说、为什么那样做。如果双方都把这个步骤做透，那么共识很容易达成。

在这里我还想延伸一点：**不光是跟产品经理沟通，跟所有人沟通的时候，我都建议你在表达观点之前，先尝试自己反驳自己。**这就相当于提前给未来的沟通做单元测试。当你想象到尽可能多的驳倒自己的理由，并据此完善观点后再去跟别人沟通，你就能把可能的漏洞补上，跟别人沟通起来也会顺畅很多。

祝贺你完成了“进阶通道”章节的职场演练。

这个阶段可能是你压力最大的时期。因为这时候的你已经不是新人，但距离成为高手还有一段路程。你必须一边低头追赶，精进自己的手艺；一边抬头看路，做出职业生涯中的一次重要抉择。经历过这次演练，相信你进一步理解了软件工程师这个职业，也进一步认识了自己。

如果把软件工程师的职业成长比作登山，此刻，我们即将到达山顶。你准备好了吗？

CHAPTER 4

第四章

高手修养

欢迎你来到本书的第四章，“高手修养”。

按照职业预演路线的规划，这时候的你已经升任单位里的中高层级别。但这并不意味着你的工作会变得清闲。恰恰相反，你面对的难题会更复杂，你带领的团队会更庞大。你的视野，你的格局，你看待职业和世界的方式都要进一步升级。所以，你依然要忙碌地应对新挑战。

如果你是一名技术专家，你现在要解决的是整个公司，乃至整个行业最前沿、最困难的问题。你可能会关心，这个阶段需要掌握什么样的新能力？有哪些可以借鉴的好经验？

这些问题，你可以到“如何过难关”部分找找答案。

如果你是一名技术管理者，摆在你面前的是各式各样的管理难题。你可能会关心，如何搭建一支有战斗力的团队？如何推进不同部门之间的协作？

这些问题，你可以到“如何做管理”部分找找答案。

不管你是技术专家，还是技术管理者，你都已经走到了接近山顶的位置。对于很多问题，你得有更深入的思考。比如，关于这个世界，关于你的职业，关于技术，关于职业转型，关于行事准则……你要如何理解，又该如何思考？

当然，这些问题没有标准答案。如果你想看看行业前辈是怎么考虑这些问题的，可以到“如何思考底层问题”部分找找启发。

◎如何过难关

如果你是一名技术专家，走到高手阶段，毫无疑问你已经是某个领域的权威了。遇到难题，大家第一时间都会来问你。这时候你会发现，自己以前积累的能力不够用了。这是因为很多复杂问题没有了现成的参考答案，你必须生长出新的能力，去应对新的挑战。

作为软件工程师，高手阶段需要培养什么新能力？我们看看郄小虎老师是怎么说的。

解决复杂问题，需要哪些高阶能力

预见：软件工程师要有前瞻能力

· 郄小虎

很多软件工程师到了这个阶段仍然认为，只要做到全面、细致，把代码写得足够好就没问题了。但其实，作为高阶工程师，这远远不够。

在这个阶段，软件工程师的核心是具有前瞻能力。前瞻能力是指，你得知道为什么系统今天是这个样子，以及未来它会朝着什么方向演进。

我印象比较深刻的一个 App 叫 Snapchat，它是 2011 年发布的一款社交软件。在这个软件里，你可以用各种滤镜贴纸来换脸。当时这个 App 一推出就火爆全球，非常受用户，特别是年轻用户喜爱。前些年我们在很多视频网站看到的特效和滤镜功能，比如同一个人由男变成了女，或者由女变成了男，用的就是这种技术。这种技术叫生成式对抗网络（GAN，Generative Adversarial Networks），是一种深度学习模型，是近年来复杂分布式无监督学习算法最具前景的方法之一。这个技术难度非常高，但是推出之后就引领了社交媒体的新潮流。这种能引领潮流的能力，考验的就是软件工程师的前瞻能力。

一般来说，前瞻能力不仅要求软件工程师看到系统的演进，还要求软件工程师看到未来的趋势，对未来有预判，并能根据预判对技术选型做一些决策。比如，一个系统大概要解决未来两年的问题，那么在两年这个时间轴上，外界和底层技术会发生什么样的变化，要采用什么技术去完成，这些你都需要心里有数。而我们看到很多产品，之前还好好的，突然就消失了，就是因为只关注了当下，对未来没有足够的前瞻性。

权衡：软件工程师要有取舍能力

· 郄小虎

除了前瞻能力，高手阶段的软件工程还需要具备取舍能力。所谓取舍，就是确定自己要干什么，以及不干什么。要想做好取舍，关键在于两点：明确目标、善于预测。

第一，明确目标。一个问题可能有很多种解决方案，但是每种解决方案都不可能完美。假设你面前有两个方案，评估三个维度后，你发现 A 方案在前两个维度上做得很好，在第三个维度上做得不够好；B 方案在第一个维度上做得不够好，在后两个维度上做得很好。这时候你就要分析，A 的缺陷和 B 的缺陷，哪个对最终目标可能产生的负面影响更大，然后选择影响更小的那个。

在这个决策过程中，明确目标是最重要的事。有时候我们想实现的目标特别多，比如既希望某个系统越简单越好，又希望它可扩展，但其实这两者有冲突。这时候你必须问问自己，最终目标究竟是简单，还是可扩展。这一点必须定义清晰。最终目标就像一把尺子，是衡量最优方案的唯一标准。

第二，善于预测。有时候即使你目标很明确，依然做不好取舍，因为很多数据你并不能提前知晓。这时候你就得预测一下，到底哪个方案带来的结果是更优的。这里的预测和前面说的前瞻性不太一样，它不是指从大的时间轴上预测未来，而是说基于现有信息做出一个判断。最终取舍得好不好，就看你判断得准不准。

举个例子，如果把出租车的起步价涨价 1 元，出租车公司的总收入会增加还是减少？我们一起分析一下：如果有个人觉得打车上班花 15 元比较合理，涨了 1 元就超出了他的心理价位，他不能接受——这相当于你损失了一个用户。而如果有个人觉得涨1元无所谓，他一点儿也不在意——这相当于你的公司增加了1元钱的收入。至于要不要涨这1元钱，需要你具备类似于“人脑大数据”的功能，基于你对用户和系统的理解做出预测。

上面这个例子是直接跟用户相关的，还有很多和用户没有直接关系的调整。比如，把系统中的某部分结构或者参数修改一下，对整个系统到底有什么样的影响，都需要你做类似的预测。

要想做好预测，**建议你多总结行业内的历史，时间不用太长，关注过去10年、20年发生的事就可以。**你只有知道了历史的轨迹，才能更容易地看到未来在哪里。

到这里，你已经了解了高手阶段要培养的两种能力，完成了一次认知层面的升级。

除了认知层面，在具体操作层面，你也会面临全新的挑战。具体来说，当你面对某个技术难题的时候，怎么才能更高效地解决它？如何提升应对技术难题的能力？

当然，这些问题本身没有唯一正确的答案，但你可以从行业前辈的分享里找到一点可以借鉴的经验。

攻克技术难题，有哪些值得借鉴的思路

探索：尝试不同的解决方案

· 郄小虎

关于尝试用不同的方案解决技术难题，我在实际工作中也深有体会。其实，对于软件工程师来说，解决难题是很有趣的事情，尤其是当难题有多种解法的时候。

举个例子。我在谷歌工作期间，我所在的广告团队遇到了一个内存不够的难题。具体来说，由于系统的广告数据增长得飞快，机器的内存接近了当时的物理极限值。而一旦内存超过极限值，机器就会爆掉，广告服务也会直接崩溃。所以我们团队的当务之急，是想办法对程序中内存的使用进行优化，防止机器爆掉。

当时团队里的同事 J 在这方面非常有天赋，他用一个办法巧妙地解决了这个难题。具体是怎么做的呢？我们先来看看机器里存的是什么样的数据。由于我们是广告部门，机器里存的主要是广告数据。我们都知道，广告的最上面一般是标题，标题下面有几段描述，最下面还有一个超链接，也就是大家经常在网页上方看到的那一长串网址——URL。在这几部分里，占内存最大的是URL。

J发现，这些URL有很明显的分层结构，比如它们都是以类似于".amazon.com"的形式结尾的。他随后想到这个问题非常适合用一种比较高级的数据结构——后缀树来解决。后缀树是一个树形结构，用了它就相当于把所有URL全部倒过来，挂在一棵树上，它的关键在于把各个URL相同的部分（比如".amazon"".com"）提取出来，规定为一个节点，并且让这个节点在后缀树上只存在一次。这么一来，所有相同部分的URL就都长在了同一个节点上，这对节省内存价值巨大。

举个具体的例子。亚马逊是谷歌的大客户，它会在谷歌投放很多广告，而每个广告的URL都以".amazon.com"结尾。用了后缀树之后，其中".com"只存在一次，这就意味着所有的URL，只要以".com"结尾，就只占4个字节的空间。假设我们有100万个这样的URL，原本要占用400万个字节，现在只占4个字节。同样的道理，带".amazon"的URL原本要占用700万个字节，现在只占7个。

看到这里，相信你也感受到了J思路的巧妙。但其实这只是解决内存难题的一种方法。我们团队的同事 K 用另一种完全不同的思路，同样节省了大量内存。他是怎么做的呢？

J 通过数据结构省内存，K 则是通过让 CPU 实现一些复杂的计算省内存，相当于用算式来换内存。

一般来说，程序语言（比如 C++）的一个类里有很多成员，其中每个成员都可以用一些基本数据结构表示，但很多数据类型会一下占据 8 个字节（byte），如果你想继续压缩，就要把它压缩到位（bit）级别（1byte=8bit）。K 做的就是把本来要用 byte 表示的数据全部压缩到 bit 级别。

这个办法背后的逻辑是，很多时候我们为了保证数据的方便性和易用性，会用很大的空间表示它，但它真正使用的空间其实可以用更少的位数来表示。最直观的例子就是身份证号。我们的身份证号都有 18 位，但 18 位能够表达的人数远远其实超过全国现在实际的人口数——哪怕有 20 亿人，用 11 位数也足够表示，所以说这里面有很多浪费。

要想减少这些浪费，就需要把数据类型从更多的位数变成更少的位数，这中间需要一个转换，这个转换就是相应的 CPU 计算。K 正是通过计算，把我们常用的很多数据结构真正压缩到 bit 级别，充分利用每一个 bit 的价值，大大降低了机器的内存压力。

虽然J和K采用了完全不同的思路，但他们的方案都能很好地解决当时的问题。两者结合起来更是所向披靡，相当于整个团队一起完美解决了当时的问题。

追踪：主动寻找技术难题

· 陈智峰

在技术难题的问题上，很多人觉得遇到一个解决一个就行。但在我看来，技术难题有时候要自己去找，这对自己能力的提升有很大帮助。

我现在做的是偏研究型的工作，经常要处理一些技术上的难题，比如分布式运行系统的设计，Zanzibar系统中的一致性协议设计等。这些项目大多不是别人分配给我的，而是我自己主动找的。

找项目的时候我会考虑两点：第一，整个行业或公司发展的方向是什么，找准大方向；第二，圈定那些跟我目前的工作相关，而我又不太懂，需要继续学习的领域。如果这个领域中有很多厉害的人，他们都对某个方向感兴趣，如图像识别、语音识别或者机器翻译等，并且早期的一些研究结果让我感觉这是一个新的研究方向，会解决很多过去解决不了的问题，那么这就是值得花时间研究的领域。

之后我会约相关研究方向的牛人聊聊，了解他们在工作中还有哪些问题没被解决。只要这个领域存在没解决的问题，就一定有技术难题。很多难题开始的时候都是很复杂的，你要抓住复杂问题中的核心问题，把一些次要问题放在一边，然后集中精力攻克核心问题。

技术难题之所以难，是因为情况复杂，没有通用的解决办法，唯一通用的是保持一个好心态：你要有战胜困难的信心，也要有接受失败的准备。如果没有接受失败的准备，你就不会去尝试与众不同的方案；没有与众不同的方案，很多技术难题是没法解决的。在攻克技术难题时，想方设法尝试不同的方案是最重要的。

看过技术专家关心的问题，接下来，我们把目光转向技术管理者。

如果你是一名技术管理者，你将不可避免地会遇到一些管理领域的经典问题，比如怎么选人、怎么用人、怎么激励人、怎么说服人。

与此同时，和其他职业的从业者相比，软件工程师又有一些独特的性格。比如，他们不愿意接受简单的任务分配，对于没说清楚为什么的工作任务极其反感。

那么，作为技术管理者，要想搭建一支有战斗力的技术团队，你要注意的问题有哪些?

关于这个问题，郄小虎老师和韩磊老师分享了他们的经验。接下来，让我们沿着“选人—用人—激励—说服—误区”这条路线，看看他们的回答。

◎如何做管理

如何搭建一支有战斗力的团队

选人：考察一个人的元能力

· 郄小虎

在一般行业中，管理者的 title（头衔）总体上是和他的水平相匹配的。但在技术领域，并不完全如此。从技术的角度来说，不能只看一名技术管理者所在的公司牛不牛，规模大不大，还要关注他所在公司的业务模式对技术要求的复杂度和挑战性到底有多高。比如，一些传统企业的技术高管主要职责是信息化和技术支持，他们具备的能力就和互联网公司的技术管理者差别很大。

从我个人而言，我招聘的时候不太会看简历上的经验，而是更侧重于评判候选者的一些元能力，看他在工作过程中沉淀下来了哪些基本素质、哪些可以持续拥有的能力。比如系统设计、代码的结构化、通过分析找到关键问题等，都是元能力的体现。我会在面试过程中问一个我最近遇到的问题，可能是特别基础的问题，像酒店的房卡是怎样设计的，地图的定位系统是怎样设计的，看他怎样回答。有的人可能直接就开始给你讲设计方案，但有的人会先定义真正的问题，让问题更加清晰，甚至先考虑限制条件——先分析，再拆解，后设计。这个过程就体现了候选者的元能力。

之所以考察元能力，是因为这些能力是软件工程师最底层，也最核心的能力。元能力强的人，在设计开发的工作中表现自然不会差。

用人：把每个人放在合适的位置上

· 郄小虎

我们在前面强调过，技术管理者必须懂技术，因此多数技术管理者都是技术出身。

但这导致的一个问题是，不少管理者只懂技术，不懂管理，忽略了团队的人才建设。事实上，管理者不仅要从专业上给下属指导，还要在工作中有倾向性地培养下属，关注他们的发展，并做好人才布局。

比如，A 有很强的解决问题的能力，了解在不同场景下如何进行技术选型，比较擅长处理特别明确的问题，能够解决确定性高但是难度很大的挑战，那他就更适合向专家架构师发展。B带项目带得很好，善于与人沟通、协作，能够制订代码规范、开发流程，有发现问题的能力，擅长处理模糊、不确定的问题，那他就更适合成为技术管理者。

管理者需要对每个下属的诉求及长处、短处有判断：每个人适合做什么，不适合做什么，他们希望有怎样的发展路径，等等。你心里要清楚，一个人未来的职业通道是成为专家架构师还是技术管理者，然后把他放在合适的位置上。

激励：让工程师有成就感

· 郄小虎

一般公司里，员工激励主要有两种方式：一种是薪酬激励，干得好可以加薪；二是职级激励，干得好可以升职。但在软件工程师领域，还有一种很重要的激励方式——增加成就感。这和前文讲的软件工程师由成就感驱动是一以贯之的。

怎么才能有成就感呢？对软件工程师来说，成就感不单单来源于独立完成一个项目，更重要的是能够做特别牛的事情，或者在行业内取得含金量极高的奖项。

什么是特别牛的事情呢？比如做开源。假如你做了一个全球工程师都在用的工具，你跟别人说 K8s 是我做的，那大家一定很膜拜你，这会让你产生极大的满足感。

含金量极高的奖项有哪些呢？GCJ（Google Code Jam）、Facebook Hacker Cup、KDD Cup 等大型比赛的大奖[1]，在软件工程师群体里认可度都比较高。在《计算机科学技术学报》（*Journal of Computer Science and Technology*，JCST）这样的顶级期刊上发表论文，也是软件工程师相对看重的。

软件工程师对专业有执念和理想——我做的这件事情很牛，我挑战了世界级的难题，我拿了重大的奖项，都会让他们产生巨大的动力。

当然，你可能会觉得，这要求太高了，开创性的项目和含金量高的奖项不是每个软件工程师都有机会参与和获得的。但我想强调的是，作为管理者，你要有这个意识。成就感也是因时因地的，你可以结合自己所在公司和领域的情况，来给团队成员创造可以获得成就感的机会。

1. Google Code Jam 是一项由谷歌主办的国际程序设计竞赛；Facebook Hacker Cup 是由脸书主办和管理的年度国际编程竞赛；KDD Cup 是由 ACM 协会的 SIGKDD 分会举办的比赛，目前是数据挖掘领域最有影响力的赛事。

说服：软件工程师最反感不说为什么

· 郄小虎

很多管理者带团队时，只是简单地把任务分配给下属，直接告诉下属做什么。但是这样指挥软件工程师群体特别不好使。为什么呢？

软件工程师最反感的事情是你让他做一件事情，却不说明为什么。软件工程师都自诩专业人士，他们做事的前提是，这件事在逻辑上得是打通的。所以，在分配任务时，你要告诉他背后的原因和道理；某种程度上，你得说服他做这个任务。

在这个行业，不存在单纯的上级管理下级，也就是你直接告诉下属，我们要做这件事，怎么做，什么时候得把它完成。作为这一行的管理者，你不仅仅要告诉下属具体做什么，还要说明两个层面的问题：第一，为什么要做这件事，不做另一件事；第二，做这件事有什么好的方法。

对于那些入门级的软件工程师，你可能要手把手指导，并且告诉他，这件事情可能有五种做法，为什么我这种做法比较好。在这个过程中，你需要通过讲道理，让对方心服口服。而那些高阶的软件工程师一般都有自己的主意，比如做项目时，A 想借用其他相关产品的内容做个补充。这虽然表面上能解决问题，但可能不是最好的做法，因为用户使用产品时，在中心模块看到其他产品的内容，体验会很不好。而你要能说清楚或证明为什么他想做的这件事不太好，不应该做，然后给出更好的方向和方法。

总的来说，只有下属心里的疑问被打消，他们才可以将100% 的精力投入到工作中，而不是左顾右盼、犹犹豫豫。

误区：重新理解人力资源

· 韩磊

很多管理者有个误区，觉得自己要做一个 nice（友善）的人。其实你不必表现得很 nice，因为身处管理岗位，很多时候你需要果断地下决定。

关于这一点，我们可以借用“人力资源”里的“资源”这个词来理解。今天我们常说“人力资源”，其中一层意思是**管理者要把人当作资源看待**，这也是很多管理者要过的一关：学会把人当资源看待，理性决策，而不能感情用事。

比如，我的团队曾经有名员工家里闹纠纷，心情不好，喝酒之后跟人打架，被拘留了。按理说，被拘留不算多大的事，但是从公司的角度来说，这导致的一个直接的问题是，他手头的工作怎么办？作为管理者，我得知道这属于资源调配问题。那么，像这样的资源属不属于可替代资源？我要不要做“备份”？这些都是必须考虑的问题。

管理者每时每刻都有可能遇到莫名其妙的情况，只有学会把人当资源看待，才能冷静分析每个人的能力所在，并基于此搭建好整个团队的能力模型，从容应对可能出现的各种挑战。

那这是不是意味着，只要学会把人当资源就万事大吉了呢？当然不是。分析好每个人的能力之后，管理者还要过第二关——**把人当人看。**这时候我们要把目光聚焦于“人”这个字，想办法让工作的安排和设计符合每个人的特质。

比如面试环节。很多管理者在面试的时候会观察应聘者的性格特点和能力所在，我也一样。如果各方面条件差不多，早在面试环节，我就会为应聘者设计好大致的发展路线。如果他是一个性格偏内向但是技术水平很高的人，那么未来可能更适合走专家路线；如果他是一个善于和他人沟通，技术水平也不错的人，那么未来可能更适合走技术管理路线。

再比如晋升环节。假设一个团队里有 10 个人，但是晋升名额只有 1 个。我让其中某个人当领导了，另外几个人不服怎么办？这时候我就要跟每个聊，告诉他们从职业成长的角度看，为什么当下不适合晋升；我选另一个人的理由又是什么。这时一定不能乱用权威，认为因为我有权力，所以我说什么就是什么，这样是没有人服气的。

还比如辞退环节。假如有位同事，我认为他的能力和当前的工作不匹配，要辞退他。如果仅仅从“资源”的角度看，我可能会告诉他：你的能力不能满足公司当前发展的需要，所以我要辞退你。但如果从“人”的角度出发，我一定会帮他分析，他的长处在哪里，短处在哪里，为什么在这家公司没有好的发展空间，怎么才能找到一条扬长避短的职业发展道路。如果对他足够了解，我还会去看周边公司或者朋友的公司有没有适合他的岗位，帮他介绍。

我之所以这么做，是因为我认为，**任何一个人都没有好坏优劣，只有合适不合适。**人之所以为人，和其他资源不一样，一个重要的点就在于人各有特点，各有长处、短处，各有其合适的位置。

身为技术管理者，搭建团队、管理团队只是你日常工作的一部分。除此之外，你还有一个重要任务，那就是充当不同团队之间的协调者和润滑剂。

一方面，你要协调不同技术团队之间进行协作；另一方面，你还要协调技术团队和其他非技术团队进行协作。具体怎么协调，效果才更理想呢？我们看看前辈们总结了哪些经验。

如何推进技术团队之间的协作

协同：保持制度上的公开透明

· 郄小虎

要想达成有效协作，技术团队可能不需要像业务部门一样，大家坐在一起开很多会。只要在“让制度公开透明”这件事情上下功夫，就会达到事半功倍的效果。

在公开透明上做得比较好的公司有很多，谷歌就是其中的典型。谷歌大到公司的战略，小到每个人每周做了什么、写了什么代码，大家都是互相看得到的。只要感兴趣，你可以去看任何人的信息：他的目标是什么，完成了什么，写了哪些代码和设计文档，这些是完全透明的。

那个时候我们每周都会写一个小结，公司里所有人都能看，并且信息会自动汇总，你还可以订阅不同人的总结。

设计文档也是公开的，你想找什么东西，搜一搜就能看到。并且大家可以互相评论。有时候我把设计文档放在那儿，突然就会收到很多建议。整个体系非常自动化。

目前我觉得国内多数公司都没能做到这种程度，大家还是比较看重信息保密。当然，这还是看公司更多是鼓励大家互相协作还是互相竞争。有些公司搞“赛马”，大家把信息保密做得特别好，甚至有时候还要故意迷惑别人。其实这种现象有其产生的客观环境。比如说一度流行的工作室团队模式，从设计、产品到开发，再到测试，一个小团队可以独立完成一个程序设计的全流程。通过这样的方式，小到团队，大到公司，都可以很快发展起来。但这种模式存在的问题是，不同小团队可能会做大量重复性的工作，而原本技术体系里有很多东西是可以复用的，各个团队没必要自己从零做起。

更重要的是，在今天，一个大的互联网产品，小的工作室团队根本接不住。技术体系的要求也比之前高了很多，需要团队进行大规模的协同，形成高质量的流水线，一起把最终的功能实现。

所以，鼓励公开透明地协作，让大家把自己做的东西工具化、开源化，让所有人都能看到和使用就很重要，也是管理者应该多下功夫的地方。

平衡：协调前台团队和中后台团队

· 郄小虎

在技术团队里，我们通常把离业务近的团队叫作前台团队，把离业务远的团队叫作中后台团队。技术团队的沟通之所以出现问题，通常是因为前台团队觉得中后台团队做的东西没用，中后才团队觉得前台团队做的东西太短视。

这其实是怎么平衡长期目标和短期目标的问题。

中后台团队一般都希望把系统尽可能做大做深，而前台团队的目标主要是怎么尽快给业务交付功能。目标不一致，团队诉求也不一样，就很容易发生矛盾。这时候，需要大家互相理解，理解对方的诉求是什么、真正的痛点在哪里：从后向前，中后台团队要有意识地理解前台团队的需求；从前往后，前台团队也不能仅仅因为业务的压力，就用短期目标来要求中后台团队做不合理的事情，否则中后台团队的动作会变形，最后的结果就是不停打补丁，代码的可维护性、可扩展性越来越差，没有技术的沉淀，人员也不会有成长，最终交付业务功能的速度越来越慢。

我经常说，技术是第一生产力，有放大器的作用，能够把结果规模化、高效化地放大。这就像数字里 0 和 1 的关系一样，1 后面的 0 越多，这个数字越大，但前提是前面要有一个

1。具体到技术团队，前台团队是那个1，中后台团队就是后面的0。因此，中后台团队要围绕着1去建设，去创造价值，去解决前台的需求和痛点，甚至在前台团队发现之前就预见一些可能发生的问题，从而给前台团队提供有价值的服务，这样更有利于双方开展工作。

有个段子是这么说的：软件工程师之间的矛盾都是“人民内部矛盾”，要是你看到各个部门为了自己的利益撕扯起来，那真是甩软件工程师好几条街。技术团队和非技术团队之间的合作难题怎么解？接下来，郄小虎老师和韩磊老师会告诉你他们有什么建议。

如何推进技术团队和非技术团队的协作

打通：拆除技术和业务之间的壁垒

· 郄小虎

在几乎所有互联网公司，业务团队和技术团队经常处于撕扯状态，业务觉得你的技术都是为我做的，结果做出来哪儿都不好用；技术觉得业务啥都不懂，提的需求简直匪夷所思。那作为技术管理者，你该怎么处理这种困境呢？是用更高的声量在会议上吵赢吗？不是。你要知道怎么打通和业务的壁垒。

首先，你要告诉业务，不要把技术仅仅当作需求解决方。业务如果只是把技术当作需求解决方，得到的就是被动的技术团队。而如果真正把技术当作解决问题的参与方，技术的主观能动性就能被调动起来。

其次，你要告诉业务，不要直接将需求丢给技术，而要告诉技术真正想解决的核心问题是什么。

为什么要特别强调这一点呢？因为有时候业务提的需求并不是真正的需求，他只是给了技术团队自己认为的解决方案，要求技术去实现。但是业务真正想解决的核心问题，可能用这个方案并不能解决，或者这个方案不是最好的选择。如果业务能把自己想解决的问题告诉技术，技术就会一起来想办法，还可能会想到更好的办法。

我在谷歌广告团队工作时，负责提升从搜索到广告转化的成功率。成功率会通过 RPM 这个指标反馈出来。公司的业务团队发现中国的 RPM 值一直偏低，就跟技术团队沟通。但是他们没有直接说要提升 RPM 值，而是说“你们把广告字体变大一些，把广告背景色调得更加醒目一些”。我们问这么做想解决的核心问题是什么。沟通之后才知道，是要提升广告的 RPM 值。

于是，我们开始针对这个需求做调研。调研发现，中国的用户有一个习惯，一打开页面，上面的部分根本不看，直接看下面，而谷歌的广告展示是在顶部，这导致中国的 RPM 值比较低。后来，技术团队将展示的位置调到最下面，很快就把 RPM 值提起来了。

你看，业务提需求时，有时候并没有把真正想解决的核心问题给到技术团队。如果我们直接按照业务提的，把广告字体改大，把广告背景色调亮，可能反而会让用户体验更不好，导致 RPM 更低。但如果和业务沟通了核心问题，技术就会一起来想办法。我们根据关键问题选出最优的解决方式，其实只是做了一个小调整，就把这个问题很好地解决了。对技术来说，这是一个更加高效的解决方案；对业务来说，也解决了真正的问题——这样双方都能比较愉快地把事情推进下去。

最后，你要告诉业务，今天我们面临的所有问题都不是单纯的技术问题。大家一起努力，才能从根本上解决问题。业务提需求前应该先思考相关问题的产生来源，下次会不会再出现，多给出一些可供技术人员参考的信息，明确哪些需要技术解决，哪些需要业务解决。

总之，技术只有知道如何与业务沟通，打通壁垒，才能把需求实现好。

合作：一加一大于二

· 郄小虎

好的管理者，要善于发起团队合作，让团队和团队之间发生“化学反应”。化学反应的意思是，我这边提升了 0.5，你那边也提升了 0.5，这样大家都提升了 1.5，达到一加一大于二的效果。

举个例子。一个团队是做拼车的，另外一个团队是做地图的，看起来两个团队非常不一样，但其实拼车的体验好不好，跟地图有非常大关系——如果地图规划的路径顺，拼车的乘客就会很开心，从系统的角度看也更优、更高效；如果规划得不顺，大家就都闹心。拼车要想让乘客有更好的体验，很大程度上要依赖地图团队。

如果纯粹从数据上看，有的路是很顺的，但是乘客实际使用的时候会发现并不是这样。比如，早上上班怕迟到，拼了一单，结果这一单要调头，开进一个小区接另一个人，这时候乘客就会很抓狂。只有当地图团队真正理解拼车的顺是怎么回事，才能解决拼车体验更优的问题。为什么这么说？

因为在拼车这件事上，拼车和地图两个团队理解的顺是不同的。在地图团队看来，只要整体的时长增量或者距离增量不超过 15%，就是顺。比如，车上已经有一个乘客 A，如果要去接下一个乘客 B，乘客 A 本来 10 分钟可以到，变成了 11 分钟可以到，或者本来 10 公里的路程变成了 11 公里，时长增量和距离增量没有超过 15%，这就是顺的。但是拼车团队更关注实际情况。本来乘客 A 直行就可以到达目的地，要接乘客 B 就需要调头，可能调头只用了 1 分钟，增量不超过

15%，从数据上看也是合理的，但乘客 A 的体验就很不好。

所以，拼车团队要让地图团队知道用户的体验问题。两个团队经常沟通，顺的问题就会得到有效解决。

再举个例子。打车时经常出现的一个情况是订单被取消——有时候司机取消，有时候乘客取消。假如乘客提交的取消原因是“很慢”。一查，发现是上车的地点不合理。比如，乘客要在一个地方上车，可那个地方司机不能停车，乘客不知道能在哪儿上车，就会彼此找不到；或者乘客下单的上车点在高架桥对面，司机过不去。这样的问题有很多，这时候就需要相关团队一起去看，问题到底出在哪里。

地图团队要解决哪里可以停车的问题——如果有禁停标志，就不要让乘客在这里上车。拼车团队要用地图团队的信息来判断乘客在哪里上下车是最好的。只有两个团队都看到两个系统之间是如何相互影响的，理解一方做的事情会对另一方系统产生怎样的影响，才能更好地解决问题。如果各做各的，最后大家互相甩锅——“你的派单不合理……”“你的地图定位不准……”，就会一加一小于二。

共识：只做对公司有利的事

· 韩磊

有人的地方就有江湖。作为管理者，你不仅要处理跟下属之间的关系，还要处理和其他部门的关系。这其中会有各种各样的问题存在。

以跟下属的关系为例，我见过一些管理者和下属通过邮件争辩不休，甚至发展到在网上互相嘲讽，这样的管理可是说是彻底失败的。另一个极端是，管理者和下属称兄道弟，一团和气，工作被感情左右，平时显不出什么问题，一到关键时刻就掉链子。当然，类似的情况也经常出现在跨部门沟通中。

作为管理者，你极力争辩也不是，跟人套近乎也不是，到底应该怎么做？关于这个问题，我有一个根本原则：**只做对公司有利的事。**跟别人打交道的时候，我会问自己：我这么做，对公司有好处吗？对事业部有好处吗？如果答案是否定的，那我会思考另一个解决方案。

为什么要这么做？我们首先要理解，每个人、每个事业部都是公司的组成部分，是公司的资源，是一些齿轮。我们的职责，是发挥齿轮的功用，让公司这台机器运转起来。

你是齿轮，别人也是齿轮，齿轮和齿轮要相互配合。而在这个过程中，容易出现两种情况。

第一种情况是，你一味地迁就别人：你的齿轮原本是100个齿，今天有个人要求你变成90个齿，你就把自己改成90个齿；明天有个人要求你变成120个齿，你又把自己改成120个齿……我们知道，每个人的能力都有边界，你不可能满足所有人。如果你只是嘴上答应了，实际上却做不到，从公司利益的角度出发，你接下来的工作就相当于停摆了。

第二种情况是，别人需要100个齿的齿轮，你明明可以做到，但就是不给他，故意跟他对着干。这种事反映到软件工程师的实际工作中可能会是这样：别人有一个需求，需要接入你的代码，你明明可以给，但就是不给他接口。这时候也相当于你们两个齿轮没接上，导致公司这台机器停摆。

最好的解决办法，不是一味迁就，做所谓的“老好人”，也不是固执己见，决不妥协，而是找到一个各方都认同的共识，作为权威第三方约束各方。这个第三方就是公司利益。这不是拍公司马屁，它的底层逻辑是把做事的原则标准化。万一产生分歧，不听你的，也不听我的，只看对公司有没有利。这就相当于把决定权推给了一个公认的、无可辩驳的权威力量，任何时候都不容易出错。

到这里，“高手修养”章节的职场演练你已经完成了70%，了不起！

好消息是，接下来 30% 的内容比较轻松。你即将看到一系列有意思的问题。比如：如何找到思考问题的脚手架？如何跟外行介绍软件领域的可迁移知识？如何理解“技术是手段，而不是目的”？……

乍一看，这些问题五花八门，跟你手头的工作也没什么关系。但其实它们有一个共同点，就是软件工程师在面对一些“大问题”时应该如何思考。当你想清楚了这些问题，你对职业的理解，对自身发展的理解，一定会更进一步，更深一层。

有时候，做技术的人恰恰需要走到“技术之外”，思考一些更底层的问题。

当然，这些问题同样没有标准答案。

你可以把接下来的内容看作一位前辈的真诚分享，把它们当作有趣的观点来读，也可以当作你自己思考的对照组来读。

祝你启发多多，阅读愉快。

◎如何思考底层问题

如何找到思考问题的脚手架

· 韩磊

我们常常听到一句话，叫“透过现象看本质”。当我们遇到一个新问题，特别是一个复杂问题时，特别需要这种能力。那这种能力要怎么培养呢？

在我看来，能不能看透事物的本质，取决于我们的大脑里存储了多少种一通百通、理解世界的方式。每一种理解世界的方式，都是帮助我们思考的脚手架。

我自己有一种理解世界的方式，那就是语言。你可能还记得，在“新手上路”章节，我分享过对编程的看法，在我看来，编程可以用语言来理解。我们写一个程序，跟写一本书差不多，它们的底层逻辑是共通的。很多人可能觉得，计算机语言本质上也是一种语言，它和人类语言有天然的共通性，因此，用语言理解编程好像没什么特别。但其实除了编程，我还会用语言去理解很多其他事物。

比如管理。管理一家公司或一个部门，跟语言也是相通的。我可以把一家公司看作一本书。公司的组织架构，就是这本书的组织方式。公司里的每个部门，就是这本书的每个章节。公司里的每个员工，就是这本书的每个字符。

同样是小说，为什么金庸写得那么引人入胜？因为他把语言的各个要素，章回结构、遣词造句处理得特别符合自己的逻辑。我们看到的每个词、每句话、每个章回都有它的功能。同样的道理，在管理中，每个人、每个部门也都有它的功能。如何组织好这些不同的功能，就像考验一个写作者的写作水平一样，考验着一名管理者的管理水平。

再比如产品，我们也可以从语言的角度去理解它。一款产品就像一本书。我们写一本书，最终要给读者看；我们做一款产品，最终也是为了给用户使用。我们写一本书，不同的页码有不同的案例或故事；我们做一款产品，也要设计不同的按钮和功能。

你看，无论是管理还是产品，都可以从语言的角度去理解。除此之外，能用语言理解的事物还有很多。所以我一直说，语言是我的世界观。

我拿语言当世界观，背后的逻辑是什么呢？其实是我们经常会用到的一种思维——**类比思维**。我用语言理解编程、理解管理、理解产品，这都是类比。类比的本质，是找到不同事物之间的共同点，借此看清事物的本质。

当然，这件事的前提在于，我相信所有道理归根结底是共通的——看似错综复杂，实则殊途同归。比如，有人拿数理逻辑作为世界观。那么，数理逻辑和语言逻辑是不是相通的呢？在我看来也是的。我认为世界上所有的道理都可以用某些成型的方法去类比。从这些类比出发，再结合逻辑思考，我们就能收获不一样的启发，解决更复杂的问题。

之所以用语言做世界观，或许是因为我在用自己最擅长的事情去理解这个世界。但是从更大视角来看，语言又不是我唯一的世界观。为什么这么讲呢？很简单，当语言不适合解释某件事或者某个人的时候，我会用其他类比方式去解释。请注意两个点：

第一，并不是所有人都要有同样的类比方式。每个人都可以找到属于自己的某一种类比方式，帮助理解我们所在的世界。比如，很多技术人不把编程看成写作，而是把它看成音乐。当他们写程序的时候，就像在写一个乐谱。这也是一种类比。

第二，做类比其实是为了方便自己理解，或者方便和别人讲述，而不是为了框住自己。比如，我把编程类比成写书，这并不意味着我写程序要像写书一样，先把它划分成 10 个章节，再规定每个章节写多少字。不是这样生搬硬套的。

所谓类比，只不过是我们思考事物的一个脚手架而已。当建筑造好了，别忘了把脚手架拆掉，因为那不是我们要的东西本身。类比思维给我们最重要的提醒在于，每个人都要善于从不同行业、不同领域找到可以利用的知识，然后融会贯通。

前面说的是如何用类比思维形成个人层面的世界观。其实软件行业的发展也受益于类比思维。

举例来说，今天我们经常讲“软件工程”，做软件的时候，都要遵循“软件工程”方法。那么，“软件工程”这个词是从哪里来的呢？它其实是从“建筑工程”类比而来的。

很多年前，我翻译过一本书叫《梦断代码》，里面讲了一个真实的故事。这本书的作者每天早上开车经过高速公路，他发现路旁正在建设一座大桥。这座大桥在《梦断代码》这本书写完的时候建成了。作者在写作过程中也在持续观察，建筑和开发软件有何异同——大桥建成了，而作者跟踪观察的一个软件项目却失败了。

同样是从无到有的创造，为什么建筑的失败率远远低于软件的失败率呢？这位作者就去钻研，结果发现，原来建筑有一套系统的思维和实践方法，叫建筑工程，其中包括蓝图、结构力学、施工进度表等，而软件当时没有这些。那么，软件能不能借用建筑的理念，搭建一套“软件工程”的理念呢？

当人们把软件工程和建筑工程进行类比之后，就有了瀑布式开发方法，也就是先有一个整体设计，再逐步实现，最后测试的方法。你看，这就是软件行业借用类比思维解决了自身的工程化问题。

做软件工程师，相当于把人类所有需求，用计算机技术和数字化的方式重做一遍。在这个过程中，软件行业借鉴了很多传统行业已经成型的实践，比如工程方法。其中，类比思维发挥了重要作用，它帮助人们把一个熟悉领域的东西应用到新的场景之中。

关于思考底层问题，韩磊老师补充过一个有意思的解释，在这里一并分享给你。

《华严金狮子章》是法藏大师给武则天讲《华严经》时的记录。这里面说，金狮子是金还是狮子呢？既是金，也是狮子。狮子是“相”，金是“法”，缘是“巧匠”。

金可以做成狮子，也可以做成老虎。我们第一次听说有金狮子，没真正见过，可以拿金老虎来类比。等到真正去看狮子时，我们一边借鉴老虎，一边研究狮子。狮子与老虎的

“相”不一样，但都是用金做成，“法”是一样的。所以，理解了金老虎的“法”，也可以用在金狮子上。

也就是说，世界上很多事物有共通的原理和逻辑。或者换个说法：通过现象看本质。在韩磊老师看来，世界上其他事物也有“存在”（法/性）与“表达”（相）两层属性。在“法”的层面，万事万物有极高的互通性。一法融会，万相贯通。

现在我们假设一个场景：如果让你跟一个外行聊聊，软件行业对他来说有哪些值得学习的知识，有哪些可以迁移的启发，你会说些什么呢？

接下来的时间，你可以一边思考，一边看看韩磊老师是怎么说的。

如何把软件行业的思想运用于其他领域

迁移：外行可以收获什么启发

· 韩磊

很多人觉得软件领域的知识艰深晦涩，行业外的人无法理解其中的奥妙。其实并非如此。除了代码等专业知识，软件行业有很多通用的思想，即使是外行也用得到。

我们随便举几个例子。现在各行各业都在讲的“完成比完美更重要”“小步快跑，快速迭代”，最早来自软件行业；很多公司都在使用的站会制度，最早来自软件行业；很多产品经理都在提的敏捷研发模式，最早也来自软件行业……

为什么会出现这样的现象呢？因为软件行业跟其他行业不太一样。大多数行业仅仅是现实世界的某个组成部分，而软件行业还是现实世界在数字世界的某种映射。换句话说，人类在现实世界的所有需求，软件工程师都在试图把它们拿到数字化世界，用计算机技术重新满足一遍。在这个过程中，他们会借鉴现实世界成型的解决问题的思路，也会探索出很多全新的，可以反过来迁移到现实世界的理念和办法。所以，你会在很多计算机类图书中发现一些普遍适用的句子，它们很有意思。

比如《大教堂与集市》里的这些句子："如果你有正确的态度，有趣的事情自然会找到你""聪明的数据结构配上愚蠢的代码，远比反过来要好得多""人类通常会从一种位于'最佳挑战区'的任务中获得乐趣，也即它不是太容易让人无聊，也不是太困难而无法完成"。

再比如《代码整洁之道》里的这些句子："整洁的代码只做好一件事""整洁的程序好到你根本不会注意到它""整洁代码总是看起来像是某位特别在意它的人写的，几乎没有改进的余地"。

还比如《人月神话》里的这些句子："向进度落后的团队增加人手，只会让进度更加落后。""首先，苦恼来自追求完美。其次，苦恼来自他人来设定目标、供给资源和提供信息。最后一个苦恼，有时也是一种无奈——当投入了大量辛苦的劳动，产品在即将完成或者终于完成的时候，却已显得陈旧过时。"

不光是句子，很多解决问题的思路也是可以迁移的。比如《设计模式》这本书里提到的适配器模式。它的意思是一个代码模块本身有一些功能，当它要调用其他模块的功能，或者其他模块要调用它的功能的时候，可以通过适配器模式实现。这样一来，软件工程师不用重写整个代码，接入“别人的能力”就好了。你会发现，这种思想不光可以用于写代码，也完全可以用在个人成长上，甚至可以用在团队管理上。再比如单件模式。它的意思是面对一件事情，永远只用一个实体处理，非必要不生成其他实体。你会发现，这跟奥卡姆剃刀原理讲的“如非必要，勿增实体”是一脉相通的。《设计模式》这本书介绍了二十几种设计模式，乍一看是写代码的技术，细看写的都是人生。

你看，这些精彩的思想，既有软件行业对现实世界的借鉴，也有软件行业自身的创新。它们相辅相成，相互推动，以不同的方式共同解决人类世界的问题。所以，即使是外行，我也建议你去找一些相对通俗的计算机类图书读一读，相信你会收获不一样的启发。

整合：如何有效协调资源

· 韩磊

除了上面提到的解决问题的思路，如果你想进一步了解软件行业有哪些可以迁移的启发，我觉得还有一点值得拿出来分享——如何有效协调资源。

我们知道，一个人在社会上待的时间越长，他要解决的问题就会越偏向于资源协调类问题。就算是组织一场婚礼，相关问题也有一大堆，比如婚庆、司仪、伴娘、伴郎、现场布置、仪式流程、宴席预定、请柬发放，等等，特别考验一个人协调资源的能力。

为什么我说软件行业可以为解决此类问题提供启发呢？

这是因为，软件要解决人类需要解决的问题。而软件工程师要做的，是组合不同能力去解决这些问题。说到底，他们就是把不同类型的资源组合到一起，让一切有机运作。

举个例子。我们日常使用的手机，有屏幕，有按键，有芯片。从抽象层面看，我们可以说它由几个不同的部件组成，包括显示部分、摄像部分、运算部分、存储部分、交互部分。表面上看，这么几个部分拼在一起，就形成了一台功能强大的手机。

但是如果仔细分析你会发现，事情没那么简单。比如，当我们想让手机屏幕显示一张照片的时候，这张照片可能有几百万，甚至上千万像素。这些像素意味着什么？意味着屏幕上的几百万，甚至上千万个小点，每个点都得有不同的颜色，这样手机屏幕才能把照片显示出来。

而对软件工程师来说，我们写代码一定不会去写每个像素的颜色，而是会调用某些渲染的库，让照片显示出来。除此之外，我们还要考虑，怎么一层层调用系统资源，一直到每个 CPU 的运算周期里？一个运算周期又有多少指令可以运行？解决这些问题的逻辑是非常迷人和可迁移的。

软件工程师协调资源的方式，和人们解决现实问题要用到的思维方式是相通的。由于计算机是个超级复杂、容错率极低的系统，因而它对资源协调的要求非常高，形成的经验也更先进。所以我才说，软件行业在协调资源之类的问题上，或许可以带给外行一些启发。

对外行的朋友来说，直接阅读计算机类图书还是有一定的门槛。所以，如果你身边有其他行业的朋友，身为软件工程师，你可以主动跟他们聊聊资源协调问题，说不定能碰撞出不一样的火花。

有这样一个笑话：一个软件工程师去买肉，要了一公斤，拿到电子秤上一称："啊……怎么少了 24 克？"[1]

这个笑话说出了软件工程师一个相当普遍的思维习惯：遇到任何问题，第一时间从技术的角度去思考，并寻找解决方案。这种思维方式本身没什么问题，但是很多时候，如果你能把目光从技术上移开一点，跳出技术看世界，或许能收获不一样的启发。

1. 1000 克加 24 克等于 1024 克。其中，1024 是 2 的 10 次方，是二进制计数的基本计量单位之一，也是运行程序的基础。所以，1024 是软件工程师常用的数字。对他们来说，1024 才是一个整数。

如何理解“技术是手段，而不是目的”

· 韩磊

软件工程师做得久了，遇到问题会下意识地首先想技术上的解决方案。实际上，技术只是我们解决问题的一个工具，问题能不能得到解决，首先取决于你对真实世界、真实问题的理解。

举个例子。假设我们开发了一套给某个超大城市使用的扫码报名参加活动系统。用户扫一个二维码，输入一些信息，然后提交。由于活动很吸引人，所以一开放报名就有上千万人扫二维码报名，导致服务器崩溃。这时候怎么办？

作为软件工程师，我们通常想到的办法是赶紧做程序上的调整，改代码。但其实还有其他办法，很快就能解决问题。具体怎么做呢？

我们可以把二维码背后的这套系统部署在很多台服务器上，于是就会有二维码 1、二维码 2、二维码 3……二维码 N，然后规定某个社区只能扫二维码几。这样一来，每个服务器承受的压力一下子减少到了原来的 1/N。

这个办法有意思的地方在于，它没有改动线上的代码，而是在线下服务器的层面做一个切分处理，以此分散超多人扫码带来的压力。当然，这种分散压力的思路在代码层面也有办法实现。我们在做很多大流量、大负荷的服务器端应用的时候，会提前做好分块或分区处理，以分散可能的压力。

你看，同样一种解决问题的思路，线上线下都有可能实现。也就是说，并非所有问题都要用计算机，或者说用改代码的技术方式去解决。

为什么我要专门提这件事情呢？因为所有软件工程师都会面临业务理解的问题。我们最终的目标其实是解决业务层面的实际问题。技术是手段，不是目的。如果能在使用技术工具之前，对业务有深入的理解，你解决问题的思路会更开阔，得到最佳解决方案的可能性也会更大。

归根结底，我们是理解了业务之后，再去想办法解决问题。跳出技术看世界，是软件工程师需要持续修炼的能力。

看过以上几个有趣的问题，关于这个职业，关于技术，你有没有被激发出一些新的思考呢？你可能已经发现了，前面几个问题大多跟外部世界有关系。现在，我们把目光转向内部、回到个人，看看有关个人职业转型、个人行事准则的一些思考。

如何做出职业转型的重要决策

· 韩磊

我们大部分人一辈子大概率不会只待在同一家公司，做同一份工作，或多或少都要经历几次重要的职业转型。那么，在每一次职业转型的背后，我们要考量的因素有哪些呢？这个问题没有标准答案。我愿意分享一下我的职业转型经历，给你提供一点思路。

到目前为止，我经历过三次职业转型。第一次是从一名大学外语教师（广东外语外贸大学教师）转行到技术媒体行业（CSDN），做媒体内容；第二次是从技术媒体行业转到传统媒体行业（21 世纪传媒集团），做技术管理；第三次是从传统媒体行业转到现在的创业公司（亮风台，一家专注打造 AR 产品和服务的专业公司），成为一名职业经理人。

比起很多技术领域的同行，我跨界比较广，职业经历横跨教育、传媒、技术多个领域，教师、程序员、编辑、销售、管理者、投资者都干过。但其实真正重要的不是每个选择本身，而是背后的决策过程。站在今天回头看，我为什么要做那三次选择呢？这三段经历说起来有点长，感谢你的耐心。

我的第一次选择比较被动，从大学外语教师转到技术媒体行业，相当一部分原因是经济上的压力，以及企业界高收入的诱惑。这是一个很实在的原因。今天我面试一些候选人时，也会发现他们换第一份工作的时候，一个非常重要的考量就是收入能不能明显地改善自己的生活。所以，经济上的考量是我换工作的第一个推动力。

除了经济上的考量，第二个推动力是我发现自己的兴趣不在于做外语教师，不是这件事本身没意思，而是我觉得它效率比较低。我当时在学校教小语种（越南语），每个班只有一二十个学生，四五年才有一个新班级进来。我想，可能我一辈子当几十年老师，也教不了多少人。这对我来说是一件特别难受的事情。因为在我的价值观里，效率是一个特别重要的考量。

第三个推动力是我的兴趣，也就是我愿意做什么。我愿意做跟计算机技术相关的工作。我当时在一所文科院校，很难从事与之相关的工作，所以我选择去北京，加入了一家技术媒体公司。这是第一次重大选择。

第二次选择，为什么从技术媒体行业转到传统媒体行业呢？首先是出于家庭因素的考量，我要回到广东。其次是因为我当时所在的公司遇到了发展瓶颈——它当时已经占有中国开发市场大概七成的份额，但因为那时候整个开发者的市场比较小，所以营收处于一个比较痛苦的状态，上不去也下不来。

至于为什么要到报社，可能因为我的性格比较被动，比较随波逐流。我有个好朋友是这家报业集团的创始人。他跟我说，这边有很多工作可以做，希望我能过去，我就接受了。另外，做出这个选择跟我对传媒感兴趣也有关系——21 世纪传媒集团毕竟是当时全国第一大财经类纸质媒体集团。我觉得如果可以在里面做一些纸质媒体转向新媒体的尝试，这个挑战会很有意思。

那后来为什么离开这家公司呢？也就是为什么做第三次选择，从传统媒体转到现在的创业公司？首先是因为 21 世纪传媒集团的管理风格发生了一些转变，我不太适应。其次，从传统媒体转到新媒体算是一个相对失败的尝试。当时出现了很多全新类型的媒体，把我们打败了。因为背负着很大的历史包袱，一家传统媒体要做成优秀的新媒体其实非常困难。

我离开 21 世纪传媒集团，回家休养了一年。第二年，也就是 2017 年年初，我打算出来工作。由于我在这一行做了很多年，很多朋友纷纷抛来橄榄枝。早在 2012 年，我就跟朋友成立过一家 AR 公司，但我没有在那儿全职工作。朋友说你回来吧，大家一起把这件事情做好，我就顺理成章地回到了现在的公司工作。

回过头来看我的三次选择，人的转型也好，提升也好，变化也好，是由什么决定的呢？或者说，我从自己几次职业转型的经历中总结了哪些经验呢？

第一，职业转型跟个人的性格、价值观有关系。比如，我的性格里有相当一部分被动的因素，我喜欢做有效率的事情，这些都会影响我的选择。关于这一点，相信每个人都有自己的特点。

第二，职业转型跟外部世界的变化有关系。这也是我们特别需要关注的。我为什么从一个外语老师转到一家技术媒体公司？因为21世纪初，中国面临数字化转型——从PC信息化时代到真正的互联网信息化时代。这意味着将有大量新增的信息传播机会，包括技术这一行。后来我为什么放弃传统媒体，进入一家创业公司？其背后也是媒体形态的变化。因为传统媒体的大时代过去了，我现在关注的是AR技术领域。

我们之所以要关注外部世界的变化，是因为我们有一个重要目标，就是预测将来会发生什么。具体来说，你要关注的问题有很多——社会正在往哪个方向发展？技术领域这些年的主要变化是什么？这些变化可能在中国的数字化、信息化、智能化过程中带来哪些机会？哪些公司会成为这个行业的佼佼者？我有没有机会做一家创业公司？……这些问题都要客观全面地去分析。

要想做好分析，跟一个人的调研能力，以及对各种信息的敏感度、感知力很有关系。此外，还有一个因素特别重要，那就是人脉关系。我说的人脉关系不是走后门的那种关系，而是说，一方面，你认识的人要能为你带来新鲜知识或信息；另一方面，你想做一件事的时候，有人愿意帮你。

第三，面对外部世界变化的时候，你要对照自己的能力优势和兴趣，看看自己要为适应变化做出哪些改变。

比如，我一开始教越南语，但是当我发现这个时代正在发生变化的时候，我就去增强自己在计算机方面的能力。正因如此，我后来才能去技术媒体从事技术相关的工作。在去传统媒体之前，我也去了解了他们的工作流程，比如采编是怎么做的，这个流程如何嫁接到新媒体上。从传统媒体到创业公司，我面临着更大的压力，因为这时候很多人等着发工资，所以对内我要考虑公司各个部门的均衡发展，对外还要跟客户、投资人打交道。这些也是要学习的。你会发现，人在这个过程中会发生惊人的改变。

总结来看，我从三次职业转型的经历中收获了三条经验：第一，认识自己，了解自己的性格，明确自己的价值观；第二，关注外部世界的变化，积累深度人脉；第三，无论如何，一个人是可以通过学习改变的。这些话说起来没什么特别，但很多事情就是这样，切实经历一次，才知道得到的经验有多重要。

如何理解"利他就是利自己"

· 韩磊

无论做什么职业，我们在成长过程中都会学习很多方法、很多思维，比如写代码的方法、学习的方法、市场思维、用户思维、产品思维、财务思维，等等。这些当然都很重要。除此之外，我认为一个人要想在一个职业走得久、走得远，还有一点很重要，就是树立一个一以贯之的人生观。换句话说就是，明确我为人处事的准则是什么。

一个人可能在20岁、30岁的时候还想不到这个问题，但到35岁左右就要非常重视它了。我自己为人处事的准则是帮助他人、成就他人。这里面完全没有功利的想法，就像我们在公交车上看到一个老人，不由自主要给他让座一样，已经成为条件反射。而且，我会在这个过程中收获成就感和满足感。

比如，我翻译技术图书就是为了成就他人，希望给需要的人带去一点帮助。前段时间，我去参加华为软件部门组织的一个技术分享会。他们邀请我的理由，是10多年前我翻译过一本书，叫《代码整洁之道》。此前我完全不知道，那本书已经成为华为内部做软件的根本准则之一。华为上万名软件工程师，工作用的就是由那本书衍生出来的一套规则。

分享结束后，我回到座位。刚坐下不久，旁边就有一名资深软件工程师热情地对我说："原来你就是《代码整洁之道》的译者，我10年前看了这本书，收获很大……"

我真的很感动。虽然我翻译那本书的出发点是利他，但没想到众多读者记住了我，我也因此受到很多人的尊重。

《代码整洁之道》这本书到今天的影响如此之大，不是我翻译的原因，而是作者写得好。但是因为我把它翻译成了中文，可以让国内很多读者不需要去看原文也能得到知识，很多人因此树立了职业生涯的一个信念：我要写整洁代码。这件事给我的满足感是非常非常大的。

包括现在做《我能做软件工程师吗》这本书，我也不求任何物质上的回报。我想的是，只要有一些人，哪怕只有10个人、100个人、1000个人看到这本书，而书里的某句话能给他一个启发，给他一个帮助，我就非常非常开心了。

这种帮助他人、成就他人的准则，我贯彻在工作、生活的方方面面。包括我在管理上的风格也是这样。我认为做管理不是手握权威控制别人，而是成就同事，帮助他们找到适合自己的岗位，发挥每个人的长处。我一直相信人无好坏之分，只有适不适合，只要处于合适的位置，每个人都能闪闪发光。

说了这么多成就他人、帮助他人，其实所谓利他，归根结底还是利自己。这是因为：首先，有了利他这个准则，我做任何事情都可以屏蔽掉很多不必要的干扰，直奔方便他人的方向而去；其次，利他带给我的成就感和满足感是巨大的；最后，我会吸引一些跟我类似、同频的人，最终有意无意地收获一个美好的人际圈——你利别人，别人利的就是你。

当然，我们不能要求每个人都利他，但是我觉得每个人都应该有一个一以贯之的做事准则，用来指导自己的一举一动。这件事很重要，值得每个人认真思考。

到这里，你已经完成了“高手修养”章节的职场演练。

从新手到高手，你看过了软件工程师面临的一个个典型挑战，并且在行业前辈的指引下，想办法、过难关，一路“打怪升级”走到这里。祝贺你。

但这不是本次职业演练的结束，走进下一个章节，你会看到非同寻常的风景。

CHAPTER 5

第五章

行业大神

欢迎你来到本书的第五章："行业大神"。

我们知道，每个职业都有一座"圣殿"，端坐其中的，一定是大神级人物。他们代表着一个职业最顶端的风景。这一站，你将邂逅六种"风景"，看到软件工程师闪闪发光的六种特质。

风景一：丹尼斯·里奇，逻辑清晰。

风景二：林纳斯·托瓦兹，心怀热爱。

风景三：吉多·范罗苏姆，开放务实。

风景四：玛格丽特·汉密尔顿，规范严谨。

风景五：杰夫·迪恩，沉淀方法。

风景六：法布里斯·贝拉，极致创新。

这些软件工程师是灯塔一般的人物。我们常说"灯越多，前方的路就越亮"。当你低头赶路，感到疲惫的时候，希望他们发出的光，能带给你继续前行的力量。

丹尼斯·里奇：保持简洁[1]

说起丹尼斯·里奇，一般人可能没那么熟悉，但这个名字值得每个软件工程师铭记。里奇是“C 语言之父”，也是 UNIX 系统的联合发明人。可以说，他创造了几乎所有计算机软件的 DNA，是为乔布斯等 IT 巨匠提供肩膀的人。如果没有他，我们现在正在用的网络产品都不会存在。

1969 年，里奇和肯·汤普森一起开发了 UNIX 系统，之后 UNIX 迅速在软件工程师之间流行起来。20 世纪 80 年代，UNIX 成为主流操作系统，变成整个软件工业的基础。到现在，世界上最主要的操作系统——Windows、macOS 和 Linux——都和 UNIX 有关。

里奇的贡献不止这些，他还是广为人知的“C 语言之父”。一开始，UNIX 不是用通用的机器语言编写的，如果换一个型号的计算机，就必须重新编写一遍。为了提高通用性和开发效率，里奇发明了一种新的计算机语言——C 语言。从那以

1. 本文参考了《前方的路》一书（阮一峰著，人民邮电出版社 2018 年版）。

后，以 C 语言为根基的各种计算机语言相继诞生，比如 C++、Java、C#……而且，这些语言也在各自的领域大获成功。

有人说，C 语言的诞生是现代程序设计语言革命的起点，是程序设计语言发展史上的一个里程碑，这话一点也没错。

我们都知道，计算机领域的技术发明又快又多，速生速死是常态，为什么 UNIX 和 C 语言可以沿用至今，还衍生出了那么多关键技术和产品呢？很多人认为，这是因为 UNIX 和 C 语言的设计更复杂、壁垒更强大。但其实真正的原因不在于它们复杂，而在于它们简洁。为什么这么说？

在 UNIX 诞生之前，里奇就给它定好了一个设计原则——“保持简单和直接”，也就是著名的 KISS 原则。为了做到这一点，UNIX 由许多小程序组成，每个小程序只能完成一个功能，任何复杂的操作都必须分解成一些基本步骤，由这些小程序逐一完成，再组合起来得到最终结果。这些小程序可以像积木一样自由组合，所以非常灵活。这种简洁性和灵活性，也为 Linux 等系统的诞生打好了基础。

和 UNIX 一样，C 语言也贯彻了 KISS 原则，语法非常简洁，对使用者的限制很少。这种语言总共有 9 种控制语句、32 个关键字、34 种运算符，既有低级语言的实用性，又有高级语言的基本结构和语句。很多软件工程师被 C 语言的简洁性吸引，学习并使用它。到今天，虽然程序设计语言变得越来越多，但C语言始终占据重要地位。这就是保持简洁的生命力。

发明UNIX和C语言让里奇获得了1983年的图灵奖、1990年的汉明奖、1999年的美国国家技术奖章。尽管功成名就，但他在个人生活中依然保持简洁，一直低调地生活，不太在媒体上曝光。2011年10月，里奇悄然离世；同一年，乔布斯也离开了人世。

麻省理工学院计算机系的马丁教授评价说："如果说乔布斯是可视化产品中的国王，那么里奇就是不可见王国中的君主。乔布斯的天才之处在于，他能创造出让人们深深喜爱的产品，然而，却是里奇先生为这些产品提供了最核心的基础设施，人们看不到这些基础设施，却每天都在使用着。"

林纳斯·托瓦兹：只是为了好玩[1]

林纳斯·托瓦兹是“Linux 之父”，也是开源运动的发起人；不仅如此，他还发明了 Git 版本控制器——每个软件工程师都知道的 GitHub，就是基于 Git 构建的。

很多人以为，像这样不断创新的“神人”，要么心怀改变世界的梦想，要么是想让更多人知道自己，但其实都不是。林纳斯从小到大决定去做什么，既不是为了什么伟大使命，也不是为了名誉和金钱，而是基于他的人生哲学：为了好玩，快乐至上。他有本自传，书名就叫《只是为了好玩》。

可以说，林纳斯能写出 Linux，仅仅是因为喜欢编程。十几岁的时候，林纳斯就对编程着了迷。19 岁时，他去赫尔辛基大学主修计算机课。这门课的学生加上他只有两个人，但林纳斯觉得没什么，只要好玩就行。22 岁时，他为了黑进学校的网络，自己做了一台性能彪悍的电脑，又买来一套 Minix 版本的 UNIX 操作系统。之后他发现 Minix 根本不好用，决

1．本文参考了《只是为了好玩：Linux 之父林纳斯自传》一书（〔美〕林纳斯·托瓦兹、〔美〕大卫·戴蒙著，陈少芸译，人民邮电出版社 2014 年版）。

定自己写一个替代版本。

那段时间，林纳斯每天都是“编程—睡觉—编程—吃饭—洗澡—睡觉—编程”，但他并没有感到枯燥。在他看来，“编程是世界上最有意思的事情……你想要什么规则都可以自己设定……你可以在电脑上创造出属于自己的新世界”。最后，林纳斯真的把这个替代系统写了出来，那就是如今闻名世界的 Linux。

后来，有人想用 1000 万美元收购 Linux，但林纳斯拒绝了，他选择让 Linux 一直保持开源的状态。林纳斯觉得比起有钱，让全世界的软件工程师一起成就 Linux 更有意思。要知道，当时的软件巨头——微软、甲骨文、IBM 等公司的政策都是保护软件的知识产权，即使在公司内部，也只有少数核心员工有权限访问软件程序的完整源代码。但林纳斯决定做相反的事情，他开源了 Linux，让任何人都可以查看、修改其源代码，发起了全世界软件领域的“开源运动”。

在林纳斯的世界里，只有好玩和不好玩的事，没有值得和不值得的事。他不是不知道金钱和名誉的力量，但他还是更在乎自己觉得好玩的东西。这种以好玩为出发点的人生态度，让他在做出各种选择时有据可依，让他在开创新世界的路上所向披靡。就像林纳斯说的那样：“归根结底，咱们只是为了好玩。那不妨坐着好好放松，享受旅途吧。”

吉多·范罗苏姆：允许不完美、保持开放[1]

从 2017 年开始，Python 这门语言的热度一直居高不下，2018 年还撼动了三大巨头之一 C++ 的位置，挤进了 TIOBE 编程语言排行榜（世界编程语言排行榜）的前三名。而站在这个热门语言之后的人，就是“Python 之父”吉多·范罗苏姆。

在编程的世界里，每个语言的发明者都是一个技术传奇，范罗苏姆也不例外。很多人觉得，像这种大神级的人物，普通人只可远观，因为他们身上的天赋是学不来的。其实并不完全是这样。在范罗苏姆身上，我们能够学到很多东西，比如他的编程设计思想。

范罗苏姆创造的 Python 之所以大获成功，最关键的原因是，他对什么是好的、什么是不好的编程语言设计有一套成

1. 本文参考了《Python 之父和他的编程理念》一文（池建强，https://time.geekbang.org/column/article/94312，2023 年 1 月 15 日访问）。

熟的想法。在设计 Python 的时候，他尽力避免了那些可能导致失败的设计，比如过于追求完美、不够开放（拒绝用户参与到语言的设计中），等等。由此衍生出来的设计原则就有三条：

第一，不必太担心性能，必要时再来优化；

第二，别追求完美，“足够好”就是完美；

第三，有时可以抄近道，尤其是在你之后能改正的情况下。

另外，在最开始的时候，Python 只是个人的实验性项目，没有官方背景。为了尽快取得成功，也为了尽量争取管理层的支持，范罗苏姆在设计的时候采取了很多节约时间的原则，比如最经典的“借鉴任何有道理的想法”。如果你用 Python 写过程序，相信你会对这个原则感同身受。

当然，并不是所有事情都能节约时间。在开发过程中，哪些地方能省时省力，哪些必须花费大量时间和精力，范罗苏姆分得清清楚楚。比如这三个设计原则：

第一，Python 不能被某个平台绑定，有些功能在一些平台上没法用可以接受，但核心功能必须可跨平台；

第二，支持并鼓励用户写出跨平台的代码，但也不拒绝某个平台的特有能力或资源——这一点与Java形成了鲜明对比；

第三，一个大型复杂系统，应该在不同层级都支持扩展，使老手、新手都尽可能地发挥自主性。

没错，范罗苏姆一直遵循开放、开源的原则，吸引了大量优秀的软件工程师一同参与进来。这些软件工程师协同改进Python，有很多核心部分的重大改变或重构都是由他们提出并落实的。对此，范罗苏姆表示，Python是在互联网上发展的语言，完全开源，由一群志愿者组成的专业社区开发，他们充满热情，也拥有绝对的原创权。

玛格丽特·汉密尔顿：拯救美国登月计划[1]

提起软件工程师，很多人觉得这是理工男的天下。这个行业里的大神，有“微软之父”比尔·盖茨、“C语言之父”丹尼斯·里奇、“Linux之父”林纳斯·托瓦兹等——各种“之父”，似乎一个女性都没有。

但是在2017年，美国媒体IT World评选出的“世界上健在的最伟大的程序员”，第一名居然是一位女士——玛格丽特·汉密尔顿。2016年11月，美国前总统奥巴马为杰出人士颁发自由奖章，玛格丽特也在其中。

玛格丽特是谁？她为什么能获得这些殊荣？

1965年，玛格丽特担任阿波罗登月计划的软件编程部部长，负责制订一套应急预案。一旦飞船出问题，就启动这套预案。有一天她发现，假如有人在飞船飞行过程中不小心按下某个按钮触发P01模式，就会导致飞行系统直接崩溃。因

1. 本文参考了《当今最伟大的程序员竟是美女极客，一串代码让人类登陆月球，与比尔·盖茨、乔丹同台领奖》一文（酷玩实验室，https://mp.weixin.qq.com/s/2gcaDw9goU7I3YaKsNe1iQ，2023年1月28日访问）。

此她提议在系统里多加一段代码，防止宇航员误操作。但由于 NASA（美国国家航空航天局）对宇航员过度自信，以及很多硬件条件的限制，提议被否决。无奈之下，玛格丽特只能在操作系统里备注：不要在飞行中选择 P01 模式。

但事故还是发生了。1968 年 12 月 21 日，“阿波罗 8 号”发射升空；飞行第 5 天，宇航员误触 P01 模式，所有导航数据瞬间被清空。在失去导航的情况下，飞船根本没办法回到地球轨道，眼看着它就要成为宇航员的太空坟墓。这时候，玛格丽特带着程序员们连夜奋战 9 个小时，设计出了一份新的导航数据并上传到“阿波罗 8 号”，让它回到正轨，顺利返航。

后来，“阿波罗 11 号”也出现了危急状况，玛格丽特再一次助其化险为夷——两次绝境之下的拯救，显示了她的超凡实力。

很多人特别好奇，玛格丽特凭什么练就了这一身的本领？答案是：制订规范，严格测试。在玛格丽特那个时代，程序员工作的系统化程度很低，出现了错误，大家潦草地往“出错理由”里填一个“有 bug”就完事了。

但玛格丽特觉得这远远不够，她认为程序员需要理解错误，梳理出现错误的原因，并防止下一次再出错。这种在我们现在看来完全是常识的东西，在计算机的“蛮荒年代”，需要一颗清醒的头脑来指出。

不仅如此，每次确定程序后，玛格丽特还会带团队一遍遍地严格测试，用模拟器（尽管非常初级、简陋）模拟登陆状况。无数次测试下来，许多问题她早就考虑到了。

最后值得一提的是，在玛格丽特之前，并没有“软件工程”这个概念。玛格丽特率先用“软件工程师”来称呼团队里的程序员，她说：“希望给予做软件的人们以尊重，让大家与做硬件的人一样，在这个宏大的工程里各司其职。”

在玛格丽特的推动下，“软件工程”成了一门更规范、更系统的科学，现在的程序员也才有了“软件工程师”这个称号。

软件工程师并不是男性的专利，许多女性也在这个领域发光发热。

计算机程序的创始人是一位女性，她叫阿达·洛芙莱斯，她的父亲就是著名的英国诗人拜伦。我们今天说的计算机 Ada 语言，就是用她的名字命名的。

世界上第一个发现计算机 bug 的人也是一位女性，叫格丽丝·霍普，她是世界上第一批计算机“马克 1 号”的程序员。当时的 bug 不是什么软件漏洞，而是一只小飞虫粘在了机器里，被她发现了。所以从那之后，给计算机杀毒的工作，就被叫作“除虫”。

最早的计算机“埃尼阿克”（ENIAC）最初的六位程序员也全是女性。计算原子弹爆炸威力的程序就是她们编写出来的。

杰夫·迪恩：开创分布式系统

·郄小虎

我自己接触过的人里，能算得上行业大神的，非杰夫·迪恩莫属。在谷歌的软件工程师里，如果他排第二，没人敢称第一。今天，每一个新入行的软件工程师几乎都听过他的名字，而这主要源于他当年建立的一张表——“每个工程师都应该背下来的一些数”。

我还在谷歌的时候，有一次跟迪恩等人一起开会讨论一个新做的系统设计。我们关注的是，当有一个请求进来时应该怎样处理。迪恩当时直接说了一句话，令我们所有人大吃一惊——“这么处理的话，响应时间大概是50毫秒。”没有做任何实际的测算，他就能说出准确的时间，而且单位精确到毫秒。后来，我和几个同事花了一星期的时间把这个程序写了出来，上线、测试，最后发现，需要的时间真的和迪恩说的分毫不差，就是50毫秒。

经过这件事情之后，迪恩突然意识到，很多在他认为是“常识”的事情，原来绝大部分软件工程师都不知道。于是，他制作了下面这张数字列表[1]。

表5-1 每个计算机工程师都该知道的数字列表（单位：纳秒）

L1 cache reference（读取CPU的一级缓存）	0.5
Branch mispredict（分支预测）	5
L2 cache reference（读取CPU的二级缓存）	7
Mutex lock/unlock（互斥锁/解锁）	100
Main memory reference（读取内存数据）	100
Compress 1K bytes with Zippy（1K字节压缩）	10000
Send 2K bytes over 1Gbps network（在1Gbps网络发送2K字节）	20000
Read 1MB sequentially from memory（从内存顺序读取1 MB）	250000
Round trip within same datacenter（同一数据中心内的往返）	500000
Disk seek（磁盘搜索）	10000000
Read 1MB sequentially from network（从网络顺序读取1MB）	10000000
Read 1MB sequentially from disk（从磁盘读取1MB）	30000000
Send packet CA->Netherlands->CA（一个包的一次远程访问）	150000000

从那以后，软件工程师在做系统设计之时，就能参照这张数字列表来评估不同设计方案性能的优劣。

对迪恩来说，这张表只是他做的一件小事。说迪恩牛，

1. 资料来源：http://highscalability.com/numbers-everyone-should-know，2023年1月31日访问。

主要是因为他和他的搭档桑杰·格玛瓦特一起打造了支撑大数据、机器学习的分布式系统的基石。

迪恩进入谷歌以后，解决的第一个问题就是怎样有效解决大量数据的存储问题。简单来说就是，在迪恩和桑杰之前，软件工程师要想完成一些重要任务、解决核心问题，必须买特别高配的机器。因为计算机的性能越强，计算能力才会越强，而性能强的计算机价格一定更贵。

但迪恩打破了这个常规做法。在他看来，把很多台非常便宜的机器拼在一起，也能达到强大的运算能力。这种做法可不只是替谷歌节省了开销，更是开辟了一个全新的方向。

今天我们看到的整个云服务运用的分布式存储、分布式计算，以及一些硬件、网络技术，比如 GFS、MapReduce、BigTable、Spanner、TensorFlow 等，都是基于迪恩的这个方向产生并蓬勃发展的。

通过迪恩的经历，我们可以看到，顶尖高手通常具备开创新领域的能力，他们会推翻一些陈旧的“第一性原理”，把整个行业的认知提升到不一样的水平，从而推动整个行业发展。

法布里斯·贝拉：一个人就是一支队伍[1]

这个世界从来不缺天才，只缺利用天分坚持理想和不断创新的人，这些人用恒心和努力缔造出了一个又一个传奇。法国人法布里斯·贝拉就是这样一个传奇的软件工程师。

贝拉是一位计算机奇才，是过去20年里最闪亮和最有影响力的软件工程师之一。自1989年，也就是17岁开始，他平均每两年都会开发出一个开源软件，一直到2019年还在继续，在诸多领域取得了令人惊叹的成就。

贝拉在计算机科学上的贡献跨越了广阔的不相关的领域：从数字信号处理到处理器仿真，再到数学创新，以及之间的一切。他创造了一系列大家耳熟能详的开源软件，比如：

1. 本文参考了Cheng Jian的《计算的威力，智慧的传奇—Fabrice Bellard》一文（https://blog.csdn.net/gatieme/article/details/44671623?，2023年2月10日访问）。

QEMU[1]、FFmpeg[2]、圆周率计算程序[3]……他推动了这些领域的进步，并且还在继续。

贝拉觉得计算机科学最重要的两个方面，一个是学习计算机如何工作，另一个是通过学习计算本身开发语言，用各种不同的方法让计算机有效工作。他基于原始程序设计经验进行开发，从一个非常靠近机器的语言开始，慢慢将其发展为高级的语言。他认为有抱负的计算机科学家要通过汇编语言和计算机硬件来深度理解计算机是如何工作的。

当被问及为什么决定在这样宽广的领域工作时，他回答说："这也不是决定，只是往往我做同样的事情时感觉很无聊，所以我尝试一次又一次地转换项目……"贝拉不屑于考量行政管理和社交任务上的因素，在创造这些项目时，他希望与全世界共享自己的成就，也希望自己的成就对他人有帮助。

贝拉的成就横跨软件工程师的各个领域，除了上面提到的 QEMU、FFmpeg，还有 TinyC、QuickJS 等，他一个人就是

---

1. 一款可执行硬件虚拟化的开源托管虚拟机。
2. 一个包打天下的视频解码器和转换器，可以把任意格式的视频转换成其他格式。没有这个项目，就没有今天被大家广为使用的腾讯视频、YouTube 等，它的诞生让计算机视频和音频有了大幅度的进步。
3. 2009 年 12 月 31 日，贝拉用一台 PC 机，花了 116 天，计算圆周率到 2.7 万亿位，创造了新的圆周率世界纪录。

一支队伍。曾经有人这样评价他:“还有什么事情是法布里斯不能做的吗? FFmpeg 几乎是一个 PhD 论文级别的项目, 但是他仍然有时间写 TinyC、QEMU, 现在又是 QuickJS。我对他的佩服之情已经远超‘嫉妒’之心。”

如今, 50 岁的贝拉依然奋斗在编程一线。

从“行业地图”到“新手上路”“进阶通道”“高手修养”, 再到“行业大神”, 恭喜你已经完成了软件工程师这个职业的全部演练。回到现实世界, 如果你想继续沿着这条职业道路往前走, 或者你想探索有关软件工程师的更多知识, 请看下一章。

CHAPTER 6

第六章

行业清单

欢迎你来到这本书的最后一章："行业清单"。

在这章里，我们为你准备了一个趁手的"工具箱"，它包括三个部分：

行业大事记——帮你了解软件工程师这个职业的前世今生；

行业黑话——带你看看软件工程师有哪些一听就懂的"江湖语言"（仅供娱乐）；

推荐资料——为你推荐一些值得反复阅读的图书，几部值得细细观看的影片。

推荐你重点关注第三部分的推荐资料。未来的精进之路上，希望它们可以陪你走得更远。

行业大事记

最早的程序代码

1804年，法国人约瑟夫·雅各发明了一种提花织机，它能从一个长长的打孔卡上读取信息。这种在卡片上打孔的行为就是最初的编程，而那些带孔的卡片就是最早的程序代码。

第一位程序员

出生于1815年的阿达·洛芙莱斯，被认为是世界上第一位程序员；编程语言Ada就是以她的名字命名的。

第一台可编程设备

1837年，英国人巴贝奇设计了第一台可编程机械设备——分析机，他把操作步骤也写进打孔卡里，这样计算步骤就是不固定的、可编程的了。

可计算函数的定义

1936年，美国数学家阿隆佐·邱奇发表可计算函数的第一份精确定义，对算法理论的系统发展做出巨大贡献。

第一台通用计算机

1946年2月14日，世界上第一台通用电子计算机ENIAC（Electronic Numerical Integrator And Computer，埃尼阿克）在美国宾夕法尼亚大学诞生。它能够解决各种计算问题。

冯·诺伊曼结构

1946年，冯·诺伊曼提出了计算机制造的三个基本原则，即采用二进制逻辑、程序存储执行，以及计算机由五个部分（运算器、控制器、存储器、输入设备、输出设备）组成，这套理论被称为冯·诺依曼结构。

第一个计算机bug

1947年9月9日，格丽丝·霍普用镊子把一只死蛾子从Harvard Mark II计算机里夹了出来。霍普在1981年的一次演讲中说，从那以后，每当计算机出了什么毛病，大家总是说里面有bug。

第一台运行的存储程序计算机

1949年，剑桥大学设计并制造了EDSAC（Electronic Delay Storage Automatic Calculator），这是第一台运行的存储程序计算机。

第一台并行计算机

1950年，第一台并行计算机EDVAC（Electronic Discrete Variable Automatic Computer）诞生，实现了计算机之父冯·诺伊曼的两个设想：采用二进制和存储程序。

第一本编程教科书

1951年，第一本编程教科书《数字电子计算机的编程准备》出版。

IBM第一台电子计算机

1953年4月7日，IBM正式对外发布自己的第一台电子计算机IBM701，并邀请了冯·诺依曼、肖克利、奥本海默等150位各界名人出席揭幕仪式。

1955年8月31日，研究人员约翰·麦卡锡、马文·明斯基、纳撒尼尔·罗切斯特和克劳德·香农提交了一份《2个月，10个人的人工智能研究》的提案，第一次提出了“人工智能”的概念。其中约翰·麦卡锡被后人尊称为“人工智能之父”。

第一次提出“人工智能”的概念

第一个真正意义上的编程语言

1957年，约翰·巴克斯创建全世界第一套高阶语言FORTRAN，FORTRAN是程序员真正意义上使用的第一种编程语言。FORTRAN是Formula Translation的缩写，即“公式翻译”的意思。

1958年，在《美国数学月刊》上，“软件”作为计算机术语首次在出版物上使用。

“软件”定义的诞生

第一个面向商业的通用语言

1959年，格丽丝·霍普发明了第一个面向企业和业务的编程语言，简称COBOL（Common Business-Oriented Language）。

1969年，肯·汤普森与他在实验室的长期搭档丹尼斯·里奇密切合作，开发出了UNIX操作系统。

UNIX系统诞生

程序的法则

1970年，尼古拉斯·沃斯发明Pascal语言，他还提出了计算机领域人尽皆知的法则：算法＋数据结构＝程序。

1972年，丹尼斯·里奇发明了C语言。1978年，C语言正式发布，同时著名的书籍 *The C Programming Language*（《C 程序设计语言》）出版。在那之后，ANSI（American National Standards Institute，美国国家标准学会）在这本书的基础上制订了C语言标准。

C语言诞生

英特尔8080

1974年4月1日，英特尔出了自己的第一款8位微处理芯片8080。

1975年7月，比尔·盖茨在成功为牛郎星配上BASIC语言之后从哈佛大学退学，与好友保罗·艾伦一同创办了微软公司，并为公司制订了奋斗目标：“每一个家庭每一张桌上，都有一部微型电脑运行着微软的程序。”

微软成立

甲骨文公司成立

1977年，甲骨文公司在美国成立。

1980年，阿伦·凯发明了面向对象的编程，并将其称为Smalltalk。

第一个面向对象的编程

IBM个人计算机问世

1981年8月，IBM个人计算机问世。

1983年，本贾尼·斯特劳斯特卢普注意到C语言在编译方面还不够完美，于是把自己能想到的功能都加进去，并将其命名为C++。

C++诞生

GNU 计划

1983 年 9 月 27 日，理查德・斯托曼在麻省理工学院公开发起 GNU 计划，目标是创建一套完全自由的操作系统。

TCP/IP 协议

1984 年，美国国防部将 TCP/IP 作为所有计算机网络的标准。1985 年，因特网架构理事会举行了一个 3 天有 250 家厂商代表参加的关于计算产业使用 TCP/IP 的工作会议，帮助协议推广并且引领它日渐增长的商业应用。

Microsoft Windows 诞生

1985 年 11 月 20 日，Microsoft Windows 1.0 正式发布，售价 100 美元。Microsoft Windows 1.0 设计工作花费了 55 个开发人员整整一年的时间。

Python 诞生

1989 年，为了打发圣诞节假期，吉多・范罗苏姆开始写 Python 语言的编译 / 解释器。1991 年，第一个 Python 编译器（同时也是解释器）诞生。

万维网诞生

1990 年，蒂姆・伯纳斯・李发明了世界上第一个网络浏览器 World Wide Web（万维网），并且发明 HTTP 协议。

Linux 系统发布

1991 年，林纳斯・托瓦兹发布 Linux 系统的内核，它是由 UNIX 系统发展而来的。

Java 诞生

1995 年 3 月 23 日，Java 在 SunWorld 大会上第一次公开发布。

JavaScript 诞生

1995 年，布兰登·艾奇发明了一种新的编程语言——JavaScript。

LAMP 开始流行

20 世纪 90 年代初，LAMP 开始流行，它是指一组通常一起使用以运行动态网站或者服务器的自由软件名称首字母缩写：

· Linux，操作系统；

· Apache，网页服务器；

· MySQL，数据库管理系统（或者数据库服务器）；

· PHP、Perl 或 Python，脚本语言。

开源软件

1998 年 2 月，埃里克·雷蒙德等人正式创立 Open Source Software（开源软件）这一名称，并组建了开放源代码（软件）创始组织 OSI（Open Source Initiative Association)。

谷歌搜索引擎诞生

1998 年，拉里·佩奇和谢尔盖·布林在美国斯坦福大学的学生宿舍共同开发了谷歌在线搜索引擎，并迅速传播给全球的信息搜索者。

Git 诞生

2005 年，林纳斯·托瓦兹开发了分布式版本控制软件 Git。

云计算概念提出

2006 年 8 月，埃里克·施密特首次提出云计算（Cloud Computing）的概念。

GitHub 上线

2008 年 2 月，通过 Git 进行版本控制的软件源代码托管服务平台——GitHub 以 beta 版本上线，4 月份正式上线。

Stack Overflow

2008 年，杰夫·阿特伍德和乔尔·斯伯斯基创立程序设计领域的问答网站 Stack Overflow。直至 2018 年 9 月，Stack Overflow 已经有超过 940 万名注册用户和超过 1600 万个问题。

Go 语言诞生

2009 年 11 月，Go 语言诞生，成为开放源代码项目，支持 Linux、macOS、Windows 等操作系统。

Docker 诞生

2013 年，Docker 诞生。它是一个开放源代码软件，是一个开放平台，用于开发应用、交付应用、运行应用。Docker 允许用户将基础设施中的应用单独分割出来，形成更小的颗粒（容器），从而提高交付软件的速度。

Kubernetes 诞生

2014 年，Kubernetes 诞生。它是一个用于自动部署、扩展和管理“容器化应用程序”的开源系统，简称 K8s。

行业黑话

1. 那个 bug 没问题啊，你再试试。——刚刚偷偷改完这个 bug。

2. 下个版本再做吧。——根本就不想做。

3. 正在改。——忘了有这回事了。

4. 需求太不合理。——这逻辑不好做。

5. 别人家的实现方式不一样。——我不会做。

6. 产品逻辑不对。——还不如我上。

7. 最近老加班。——老板该加工资了。

8. 我回去评估一下技术难度。——先拖两天。

9. 你这个需求不清晰。——我不想做。

10. 你确定有这个需求吗？——做出来没人用我跟你拼了。

11. 下次肯定不延期了。——先应付了这次再说。

12. 你试过？——到底会不会用我的程序啊？

13. 我测试没问题啊！——到底会不会用我的程序啊？

14. 我的时间排满了。——我不想做。

15. 我有优先级更高的任务。——我不想做。

16. 我今晚有事。——我今天不想加班。

17. 我在调试程序。——我没时间理你。

18. 你怎么还在自学 Python 啊？——PHP 才是最好的语言。

19. 你怎么还用 Word 啊？——Markdown 才是最好的写作工具。

20. 你怎么还在用 ThinkPad 啊？——Mac 才是最好的电脑。

推荐资料[1]

·〔美〕Scott Rosenberg:《梦断代码》,韩磊译,电子工业出版社 2008 年版。

推荐理由:这是我差不多二十年前翻译的书,之后虽有重印,但现在大约只能买到二手书。作为纪实类作品,本书讲述的是 IT 传奇人物米奇·卡普尔意图开发出 PC 上最好用的个人办公助理软件,在踩过软件开发的各种“坑”之后,承担开发任务的梦幻团队最终陷入失败泥潭。

这本书的可贵之处在于,通过跟踪一个真实的软件项目,揭示了软件开发的残酷真相:做软件很难。作者是知名 IT 记者,在讲清楚故事的同时,旁征博引与软件和软件工程相关的资料,令人掩卷长叹之余,又得到许多启发。

在“尾声”章节,作者写到卡普尔下注 2000 美元,打赌 2029 年之前计算机不能通过图灵测试。在你读到这段文字时,OpenAI 的 ChatGPT 似乎即将令卡普尔输掉赌局。这也是计算机世界令人迷醉之处:我们永远不知道它的边界在哪里。

---

1. 本篇内容由韩磊老师提供。

·〔美〕Michael A. Cusuma、〔美〕Richard W. Selbyno:《微软的秘密》,章显洲等译,电子工业出版社 2010 年版。

推荐理由:微软无疑是最伟大的 IT 公司之一。从 PC 命令行操作系统 DOS 到图形操作系统 Windows,再到企业级操作系统 Windows NT、Windows 2000 系列,乃至于云计算时代的 Azure,以及称霸办公软件世界的 Office 套件,微软多次"踩"中了计算机发展历史上的重要节点。

对于我们这些软件工程师,Visual Studio 集成开发环境也是不可忽视的产品。收购 GitHub,投资 OpenAI,进而将 ChatGPT 工程化,引入 Office、Visual Studio 和 Bing,一系列动作将计算世界带进人工智能时代。商业环境变化多端、错综复杂,软件工程方法论层出不穷,微软如何管理庞大的研发团队,持续制造出受到市场欢迎的产品?这本书深入微软内部调研,基于第一手资料,展现该公司在组织管理、市场探索、研发创新等方面的成功经验。

·"整洁"系列图书:

〔美〕Robert C. Martin:《代码整洁之道》,韩磊译,人民邮电出版社 2020 年版。

〔美〕Robert C. Martin:《匠艺整洁之道》,韩磊译,人民邮电出版社 2022 年版。

〔美〕Robert C. Martin：《架构整洁之道》，孙宇聪译，电子工业出版社 2018 年版。

〔美〕Robert C. Martin：《敏捷整洁之道》，申健等译，人民邮电出版社 2020 年版。

〔美〕Robert C. Martin：《代码整洁之道：程序员的职业素养》，余晟等译，人民邮电出版社 2016 年版。

推荐理由：Robert C. Martin，业内人称“鲍勃大叔”，是软件界公认的大拿。他是《敏捷宣言》签署者之一，也是知名的咨询师和图书作者。2009 年，我翻译了这套书的第一本——《代码整洁之道》[1]。当时，其英文版已在业界引起广泛关注。华为甚至在内部开展了 Clean Code 运动，并在后续的十多年间持续演进，形成今天的可信代码体系。

这套书一共五本，涵盖代码风格、架构、敏捷开发、程序员职业素养等话题，可谓敏捷软件“整洁代码派”的经典。对于刚开始写代码不久的朋友，我推荐从《代码整洁之道》和《匠艺整洁之道》开始阅读。这两本书能立即给你非常具体的帮助，让你从观念和实操层面都有好的开始。

·〔美〕Erich Gamma：《设计模式：可复用面向对象软件

1. 该书于 2020 年再版。

的基础》，李英军等译，机械工业出版社 2019 年版。

推荐理由：四位面向对象领域专家，研究面向对象软件设计中的共性经验，总结出 23 种常用模式。阅读本书，重要的收获不是立即学以致用，而是理解现代编程（尤其是面向对象编程）的核心要素：如何令代码块之间，包括并不在一个软件包中的代码块之间正确和高效地作为一个整体工作。在你的编程生涯中，隔一段时间重温此书，必会醍醐灌顶，同时深恨自己的愚蠢。“方法”这种东西，往往能够跨界。这本书中谈到的模式，同样可以运用于工作和生活的其他方面。

·〔美〕Martin Fowler：《重构（第 2 版）：改善既有代码的设计》，熊节译，人民邮电出版社 2019 年版。

推荐理由：总可修改，这是软件既迷人又烦人的地方。几乎没有什么代码完成即完美。修改代码，令其更加可读、高效、便于复用、不易出错，当是软件工程师一生之追求。对于资深软件工程师来说，他们通常能从代码块中一眼看出所谓“坏味道”（就像资深编辑一眼就能看出文字中的语病），并且熟练地进行一系列代码修改，剔除这些坏味道。而新手面对糟糕代码时，要么一筹莫展，要么改出更多问题。从敏捷方法的视角来看，“代码重构”是一种可被归纳和习得的技术。这本书告诉你什么是糟糕的代码，并且教你如何正确地改进糟糕的代码。同样，如果你善于思考，也会读到如何改进工作或生活中的糟糕细节。

·〔美〕Steve McConnell:《卓有成效的敏捷》，任发科等译，人民邮电出版社2021年版。

推荐理由：我很想推荐《代码大全》，但这本书对于新手而言过于大部头。有兴趣的朋友不妨找来学习。《卓有成效的敏捷》是《代码大全》作者Steve McConnell新作，聚焦于敏捷方法的有效实操。无独有偶，Robert C. Martin的《敏捷整洁之道》也是聚焦于实操。大师们纷纷写出看似入门级的读物，反映了这些年以来敏捷已经变得面目全非，所以才会出现这些“正本清源”的敏捷手册。这本书与前文推荐的《微软的秘密》可以互相参照阅读，帮助你从组织管理、软件方法等方面获得更深刻的认识。

·〔美〕Charles Petzold:《编码：隐匿在计算机软硬件背后的语言》，左飞等译，电子工业出版社2010年版。

推荐理由：经典图书《Windows程序设计》作者Charles Petzold的作品。这本书由浅入深地展示了计算机工作原理。当我们输入一段代码，让屏幕上显示出“Hello World”字样，背后发生了什么？为什么会这样设计？计算机又是怎样发展成如今这样的？很少有图书可以如此生动而有深度地写这个主题。数十年的技术写作经验令作者游刃有余。这本书有一半篇幅，即便是没有技术背景的文科生也能读懂；剩下的部分，即便是有经验的软件工程师也可以有所收获。强烈建议非科班出身的软件工程师朋友好好阅读。

· 吴军：《计算之魂：计算科学品位和认知进阶》，人民邮电出版社 2021 年版。

推荐理由：算法与数据结构是开发软件时绕不开的两大要素。吴军老师这本书，用约 40 个经典算法示例揭示了计算思维的本质。对于有志于成为中高级别软件工程师的朋友而言，这本书是一本试金石。如果你无法脱离书本实现这些算法示例，甚至看都看不懂，那么你将一直停留在非常初级的水平。即便是已经拥有相当经验的工程师朋友，也能从这本书中得到较为系统的算法思维训练。建议朋友们花足够的时间阅读，练习书中例题。

·〔美〕Brian W. Kernighan：《Unix 传奇：历史与回忆》，韩磊译，人民邮电出版社 2021 年版。

推荐理由：贝尔实验室是史上最成功的科研机构，在这里产生了 5 项图灵奖和 9 项诺贝尔奖。至今仍深刻影响计算机操作系统的 UNIX 系统，就诞生在贝尔实验室。本书作者 Brian W. Kernighan 是 UNIX 开发组核心成员，亲眼见证了 UNIX 诞生、发展和衰落的全过程。这本书不仅是讲述一段历史，也有对 UNIX 哲学的介绍，以及对贝尔实验室组织管理得失的思考。最可贵的是，书中写到的那些 IT 英雄，个个性格鲜明，摆脱了“计算机大神”的刻板印象。阅读本书，如同在作者陪伴之下游历那段波澜壮阔的计算机史。

后记

这不是一套传统意义上的图书，而是一次尝试联合读者、行业高手、审读团一起共创的出版实验。在这套书的策划出版过程中，我们得到了来自四面八方的支持和帮助，在此特别感谢。

感谢接受“前途丛书”前期调研的读者朋友：陈士宽、杜佳璐、郭瑞炜、黄鑫、柯贵喜、李容霞、林必成、林静荣、陆卫、吕凯、宋云、谭伟彬、田明仓、王鹏飞、徐铭蔚、徐孝敬、杨文斌、杨雪梅、杨艳、有志军、于秀霞、张志海、郑烨卿、朱建青等。谢谢你们对“前途丛书”的建议，让我们能研发出更满足读者需求的产品。

感谢接受《我能做软件工程师吗》前期调研的朋友：陈晓冬、巩朋、蒋香香、冷雪峰、李超、李京豫、李声娇、刘军、刘双成、鲁晨龙、罗瑞一、欧二强、王贺、吴梦蕉、夏梓皓、杨可心、杨芸、张恒、张锦杰、张梦佳等。谢谢你们坦诚说出自己做软件工程师前后的困惑和期待，在你们的帮助下，我们对这一职业的痛点有了更深入的了解。

感谢“前途丛书”的审读人：Tian、安夜、柏子仁、陈大锋、陈嘉旭、陈硕、程海洋、程钰舒、咚咚锵、樊强、郭卜兑、郭东奇、韩杨、何祥庆、侯颖、黄茂库、江彪、旷淇元、冷雪峰、李东衡、连瑞龙、刘昆、慕容喆、乔奇、石云升、宋耀杰、田礼君、汪清、徐杨、徐子陵、严童鞋、严雨、杨健、杨连培、尹博、于婷婷、于哲、张仕杰、郑善魁、朱哲明等上千位审读人。由于审读人数众多，篇幅所限，不能一一列举，在此致以最诚挚的谢意。谢谢你们认真审读和用心反馈，帮助我们完善了书里的点滴细节，让这套书以更好的姿态上市，展现给广大读者。

感谢得到公司的同事：罗振宇、脱不花、宣明栋、罗小洁、张忱、陆晶靖、冯启娜。谢谢你们在关键时刻提供方向性指引。

感谢接受本书采访的四位行业高手：韩磊、郄小虎、陈智峰、鲁鹏俊。谢谢你们抽出宝贵的时间真诚分享，把自己多年来积累的经验倾囊相授，为这个行业未来的年轻人提供帮助。

最后感谢你，一直读到了这里。

有的人只是做着一份工作，有的人却找到了一生所爱的事业。祝愿读过这套书的你，能成为那个找到事业的人。

这套书是一个不断生长的知识工程，如果你有关于这套书的问题，或者你有其他希望了解的职业，欢迎你提出宝贵建议。欢迎通过邮箱（contribution@luojilab.com）与我们联系。

“前途丛书”编著团队

图书在版编目（CIP）数据

我能做软件工程师吗 / 丁丛丛，靳冉编著；韩磊等口述. -- 北京：新星出版社，2023.4
ISBN 978-7-5133-5207-9
Ⅰ. ①我… Ⅱ. ①丁… ②靳… ③韩… Ⅲ. ①软件工程－普及读物 Ⅳ. ① TP311.5-49

中国国家版本馆 CIP 数据核字（2023）第 059070 号

我能做软件工程师吗

丁丛丛　靳　冉　编著
韩　磊　郄小虎　陈智峰　鲁鹏俊　口述

责任编辑：白华召
总 策 划：白丽丽
策划编辑：翁慕涵　王青青
营销编辑：陈宵晗　chenxiaohan@luojilab.com
装帧设计：李一航
责任印制：李珊珊

出版发行：新星出版社
出 版 人：马汝军
社　　址：北京市西城区车公庄大街丙 3 号楼　100044
网　　址：www.newstarpress.com
电　　话：010-88310888
传　　真：010-65270449
法律顾问：北京市岳成律师事务所

读者服务：400-0526000　service@luojilab.com
邮购地址：北京市朝阳区温特莱中心 A 座 5 层　100025

印　　刷：北京奇良海德印刷股份有限公司
开　　本：787mm × 1092mm　1/32
印　　张：10.5
字　　数：191 千字
版　　次：2023 年 4 月第一版　2023 年 4 月第一次印刷
书　　号：ISBN 978-7-5133-5207-9
定　　价：49.00 元